致力于绿色发展的城乡建设

统筹规划与规划统筹

全国市长研修学院系列培训教材编委会　编写

U0179366

中国建筑工业出版社

审图号：GS（2019）3757号

图书在版编目（CIP）数据

统筹规划与规划统筹／全国市长研修学院系列培训教材编
委会编写．—北京：中国建筑工业出版社，2019.7
（致力于绿色发展的城乡建设）
ISBN 978-7-112-23955-9

Ⅰ. ①统…　Ⅱ. ①全…　Ⅲ. ①城乡规划－研究－中国
Ⅳ. ①TU984.2

中国版本图书馆CIP数据核字（2019）第131929号

责任编辑：尚春明　咸大庆　郑淮兵　陈小娟
责任校对：姜小莲

致力于绿色发展的城乡建设
统筹规划与规划统筹
全国市长研修学院系列培训教材编委会　编写

*

中国建筑工业出版社出版、发行（北京海淀三里河路9号）
各地新华书店、建筑书店经销
北京锋尚制版有限公司制版
北京富诚彩色印刷有限公司印刷

*

开本：787×1092毫米　1/16　印张：7¾　字数：117千字
2020年5月第一版　2020年5月第一次印刷
定价：76.00元
ISBN 978-7-112-23955-9
（34241）

全国市长研修学院系列培训教材编委会

贯彻落实新发展理念
推动致力于绿色发展的城乡建设

习近平总书记高度重视生态文明建设和绿色发展，多次强调生态文明建设是关系中华民族永续发展的根本大计，我们要建设的现代化是人与自然和谐共生的现代化，要让良好生态环境成为人民生活的增长点、成为经济社会持续健康发展的支撑点、成为展现我国良好形象的发力点。生态环境问题归根结底是发展方式和生活方式问题，要从根本上解决生态环境问题，必须贯彻创新、协调、绿色、开放、共享的发展理念，加快形成节约资源和保护环境的空间格局、产业结构、生产方式、生活方式。推动形成绿色发展方式和生活方式是贯彻新发展理念的必然要求，是发展观的一场深刻革命。

中国古人早就认识到人与自然应当和谐共生，提出了"天人合一"的思想，强调人类要遵循自然规律，对自然要取之有度、用之有节。马克思指出"人是自然界的一部分"，恩格斯也强调"人本身是自然界的产物"。人类可以利用自然、改造自然，但归根结底是自然的一部分。无论从世界还是从中华民族的文明历史看，生态环境的变化直接影响文明的兴衰演替，我国古代一些地区也有过惨痛教训。我们必须继承和发展传统优秀文化的生态智慧，尊重自然，善待自然，实现中华民族的永续发展。

随着我国社会主要矛盾转化为人民日益增长的美好生活需要和不平衡不充分的发展之间的矛盾，人民群众对优美生态环境的需要已经成为这一矛盾的重要方面，广大人民群众热切期盼加快提高生态环境和人居环境质量。过去改革开放 40 年主要解决了"有没有"的问题，现在要着力解决"好不好"的问题；过去主要追求发展速度和规模，现在要更多地追求质量和效益；过去主要满足温饱等基本需要，现在要着力促进人的全面发展；过去发展方式重经济轻环境，现在要强调"绿水青山就是金山银山"。我们要顺应新时代新形势新任务，积极回应人民群众所想、所盼、所急，坚持生态优先、绿色发展，满足人民日益增长的对美好生活的需要。

我们应该认识到，城乡建设是全面推动绿色发展的主要载体。城镇和乡村，是经济社会发展的物质空间，是人居环境的重要形态，是城乡生产和生活活动的空间载体。城乡建设不仅是物质空间建设活动，也是形成绿色发展方式和绿色生活方式的行动载体。当前我国城乡建设与实现"五位一体"总体布局的要求，存在着发展不平衡、不协调、不可持续等突出问题。一是整体性缺乏。城市规模扩张与产业发展不同步、与经济社会发展不协调、与资源环境承载力不适应；城市与乡村之间、城市与城市之间、城市与区域之间的发展协调性、共享性不足，城镇化质量不高。二是系统性不足。生态、生产、生活空间统筹不够，资源配置效率低下；城乡基础设施体系化程度低、效率不高，一些大城市"城市病"问题突出，严重制约了推动形成绿色发展方式和绿色生活方式。三是包容性不够。城乡建设"重物不重人"，忽视人与自然和谐共生、人与人和谐共进的关系，忽视城乡传统山水空间格局和历史文脉的保护与传承，城乡生态环境、人居环境、基础设施、公共服务等方面存在不少薄弱环节，不能适应人民群众对美好生活的需要，既制约了经济社会的可持续发展，又影响了人民群众安居乐业，人民群众的获得感、幸福感和安全感不够充实。因此，我们必须推动"致力于绿色发展的城乡建设"，建设美丽城镇和美丽乡村，支撑经济社会持续健康发展。

我们应该认识到，城乡建设是国民经济的重要组成部分，是全面推动绿色发展的重要战场。过去城乡建设工作重速度、轻质量，重规模、轻效益，重眼前、轻长远，形成了"大量建设、大量消耗、大量排放"的城乡建设方式。我国每年房屋新开工面积约 20 亿平方米，消耗的水泥、玻璃、钢材分别占全球总消耗量的 45%、40% 和 35%；建筑能源消费总量逐年上升，从 2000 年 2.88 亿吨标准煤，增长到 2017 年 9.6 亿吨标准煤，年均增长 7.4%，已占全国能源消费总量的 21%；北方地区集中采暖单位建筑面积实际能耗约 14.4 千克标准煤；每年产生的建筑垃圾已超过 20 亿吨，约占城市固体废弃物总量的 40%；城市机动车排放污染日趋严重，已成为我国空气污染的重要来源。此外，房地产业和建筑业增加值约占 GDP 的 13.5%，产业链条长，上下游关联度高，对高能耗、高排放的钢铁、建材、石化、有色、化工等产业有重要影响。因此，推动"致力于绿色发展的城乡建设"，转变城乡建设方式，推广适于绿色发展的新技术新材料新标准，建立相适应的建设和监管体制机制，对促进城乡经济结构变化、促进绿色增长、全面推动形成绿色发展方式具有十分重要的作用。

时代是出卷人，我们是答卷人。面对新时代新形势新任务，尤其是发展观的深刻革命和发展方式的深刻转变，在城乡建设领域重点突破、率先变革，推动形成绿色发展方式和生活方式，是我们责无旁贷的历史使命。

推动"致力于绿色发展的城乡建设"，走高质量发展新路，应当坚持六条基本原则。一是坚持人与自然和谐共生原则。尊重自然、顺应自然、保护自然，建设人与自然和谐共生的生命共同体。二是坚持整体与系统原则。统筹城镇和乡村建设，统筹规划、建设、管理三大环节，统筹地上、地下空间建设，不断提高城乡建设的整体性、系统性和生长性。三是坚持效率与均衡原则。提高城乡建设的资源、能源和生态效率，实现人口资源环境的均衡和经济社会生态效益的统一。四是坚持公平与包容原则。促进基础设施和基本公共服务的均等化，让建设成果更多更公平惠及全体人民，实现人与人的和谐发展。五是坚持传承与发展原则。在城乡建设中保护弘扬中华优秀传统文化，在继承中发展，彰显特色风貌，让居民望得见山、看得见水、记得住乡愁。六是坚持党的全面领导原则。把党的全面领导始终贯穿"致力于绿色发展的城乡建设"的各个领域和环节，为推动形成绿色发展方式和生活方式提供强大动力和坚强保障。

推动"致力于绿色发展的城乡建设",关键在人。为帮助各级党委政府和城乡建设相关部门的工作人员深入学习领会习近平生态文明思想,更好地理解推动"致力于绿色发展的城乡建设"的初心和使命,我们组织专家编写了这套以"致力于绿色发展的城乡建设"为主题的教材。这套教材聚焦城乡建设的12个主要领域,分专题阐述了不同领域推动绿色发展的理念、方法和路径,以专业的视角、严谨的态度和科学的方法,从理论和实践两个维度阐述推动"致力于绿色发展的城乡建设"应当怎么看、怎么想、怎么干,力争系统地将绿色发展理念贯穿到城乡建设的各方面和全过程,既是一套干部学习培训教材,更是推动"致力于绿色发展的城乡建设"的顶层设计。

专题一:明日之绿色城市。面向新时代,满足人民日益增长的美好生活需要,建设人与自然和谐共生的生命共同体和人与人和谐相处的命运共同体,是推动致力于绿色发展的城市建设的根本目的。该专题剖析了"城市病"问题及其成因,指出原有城市开发建设模式不可持续、亟需转型,在继承、发展中国传统文化和西方人文思想追求美好城市的理论和实践基础上,提出建设明日之绿色城市的目标要求、理论框架和基本路径。

专题二:绿色增长与城乡建设。绿色增长是不以牺牲资源环境为代价的经济增长,是绿色发展的基础。该专题阐述了我国城乡建设转变粗放的发展方式、推动绿色增长的必要性和迫切性,介绍了促进绿色增长的城乡建设路径,并提出基于绿色增长的城市体检指标体系。

专题三:城市与自然生态。自然生态是城市的命脉所在。该专题着眼于如何构建和谐共生的城市与自然生态关系,详细分析了当代城市与自然关系面临的困境与挑战,系统阐述了建设与自然和谐共生的城市需要采取的理念、行动和策略。

专题四:区域与城市群竞争力。在全球化大背景下,提高我国城市的全球竞争力,要从区域与城市群层面入手。该专题着眼于增强区域与城市群的国际竞争力，分析了致力于绿色发展的区域与城市群特征，介绍了如何建设具有竞争力的区域与城市群，以及如何从绿色发展角度衡量和提高区域与城市群竞争力。

专题五：城乡协调发展与乡村建设。绿色发展是推动城乡协调发展的重要途径。该专题分析了我国城乡关系的巨变和乡村治理、发展面临的严峻挑战，指出要通过"三个三"（即促进一二三产业融合发展，统筹县城、中心镇、行政村三级公共服务设施布局，建立政府、社会、村民三方共建共治共享机制），推进以县域为基本单元就地城镇化，走中国特色新型城镇化道路。

专题六：城市密度与强度。城市密度与强度直接影响城市经济发展效益和人民生活的舒适度，是城市绿色发展的重要指标。该专题阐述了密度与强度的基本概念，分析了影响城市密度与强度的因素，结合案例提出了确定城市、街区和建筑群密度与强度的原则和方法。

专题七：城乡基础设施效率与体系化。基础设施是推动形成绿色发展方式和生活方式的重要基础和关键支撑。该专题阐述了基础设施生态效率、使用效率和运行效率的基本概念和评价方法，指出体系化是提升基础设施效率的重要方式，绿色、智能、协同、安全是基础设施体系化的基本要求。

专题八：绿色建造与转型发展。绿色建造是推动形成绿色发展方式的重要领域。该专题深入剖析了当前建造各个环节存在的突出问题，阐述了绿色建造的基本概念，分析了绿色建造和绿色发展的关系，介绍了如何大力开展绿色建造，以及如何推动绿色建造的实施原则和方法。

专题九：城市文化与城市设计。生态、文化和人是城市设计的关键要素。该专题聚焦提高公共空间品质、塑造美好人居环境，指出城市设计必须坚持尊重自然、顺应自然、保护自然，坚持以人民为中心，坚持以文化为导向，正确处理人和自然、人和文化、人和空间的关系。

专题十：统筹规划与规划统筹。科学规划是城乡绿色发展的前提和保障。该专题重点介绍了规划的定义和主要内容，指出规划既是目标，也是手段；既要注重结果，也要注重过程。提出要通过统筹规划构建"一张蓝图"，用规划统筹实施"一张蓝图"。

专题十一：美好环境与幸福生活共同缔造。美好环境与幸福生活共同缔造，是促进人与自然和谐相处、人与人和谐相处，构建共建共治共享的社会治理格局的重要工作载体。该专题阐述了在城乡人居环境建设和整治中开展"美好环境与幸福生活共同缔造"活动的基本原则和方式方法，指出"共同缔造"既是目的，也是手段；既是认识论，也是方法论。

专题十二：政府调控与市场作用。推动"致力于绿色发展的城乡建设"，必须处理好政府和市场的关系，以更好发挥政府作用，使市场在资源配置中起决定性作用。该专题分析了市场主体在"致力于绿色发展的城乡建设"中的关键角色和重要作用，强调政府要搭建服务和监管平台，激发市场活力，弥补市场失灵，推动城市转型、产业转型和社会转型。

绿色发展是理念，更是实践；需要坐而谋，更需起而行。我们必须坚持以习近平新时代中国特色社会主义思想为指导，坚持以人民为中心的发展思想，坚持和贯彻新发展理念，坚持生态优先、绿色发展的城乡高质量发展新路，推动"致力于绿色发展的城乡建设"，满足人民群众对美好环境与幸福生活的向往，促进经济社会持续健康发展，让中华大地天更蓝、山更绿、水更清、城乡更美丽。

王蒙徽

2019 年 4 月 16 日

前言

生态文明建设是关系中华民族永续发展的根本大计。党的十八大以来，强调要将生态文明建设融入经济、政治、文化、社会建设各方面和全过程。规划体系改革作为《生态文明体制改革总体方案》确定的"八项制度"之一，是生态文明建设的重要环节，必须顺应新时代的发展要求，以绿色发展理念为指导、以人民为中心来进行，以此解决城市发展中不平衡、不协调、不可持续的问题，实现城市的高质量、可持续发展。

规划是城市发展的指南、可持续发展的蓝图，是各类开发建设和环境保护活动的基本依据。以规划引领经济社会发展，是治国理政的重要方式，是中国特色社会主义发展模式的重要体现。改革开放40年来，我国规划工作的成绩有目共睹，对城市的发展起到至关重要的作用。但是，随着城市化进程的加快，城市发展中出现了一些新的问题。当前，规划由于在认知、编制、实施和监督等方面的不足，与"生态文明的新时代"的城市发展模式已不相适应，使规划自身的科学性、权威性受到质疑。《统筹规划与规划统筹》作为《致力于绿色发展的城乡建设》系列书的重要组成部分，是以推进生态文明建设、实现治理体系和治理能力现代化为目标，探索规划如何为致力于绿色发展发挥更大作用，回答怎样通过"统筹规划"构建城市的规划编制体系，绘好城市发展的一张蓝图；运用"规划统筹"建立高效、可操作的规划运行体系，用好这一张蓝图；通过政策保障机制的建设和信息化平台的搭建，支撑"统筹规划"与"规划统筹"的实行。

　　本书结合地方规划改革的实际需求，总结近年来规划改革在理论和实践上的创新成果，以不同地区的具体案例为支撑，提出"统筹规划"和"规划统筹"的工作理念和方法路径。第一章对规划的基本概念、原则和理论发展进程进行了阐述，剖析了面对新时期的发展要求规划仍存在的不足，进而提出通过统筹规划和规划统筹的基本思路，从而促进规划更好地发挥作用；第二章论述如何统筹规划编制，即以战略规划为统领，构建规划编制体系的工作路径，包括发展战略蓝图、刚性管控底图、要素系统配置图、公共空间系统营造图和审批管理一张图的绘制；第三章论述如何以规划统筹城市发展，即以规划的实施传导为基础，运营管理城市的工作路径，包括规划实施的部门传导、空间传导、时间传导以及城市运维；第四章论述支撑"统筹规划"和"规划统筹"的主要技术和政策手段，即信息化平台、政策法规和保障机制的建设。

　　本书以生态文明建设作为出发点和落脚点，从规划的认识论延伸至具体的操作层面，旨在以实现城市高质量、可持续发展和城市治理体系、治理能力现代化为目标，探索规划转型的方向，为城市管理者们切实发挥规划的"龙头"作用，完善城市空间治理的整体性和系统性，构建符合城市自身发展规律的规划建设管理机制提供参考。

目录

东南国际航运中心总部大厦

01

概　述

- 本章重点讲述规划的基本概念、发展过程和作用，并提出统筹规划和规划统筹的基本思路。在回顾中外现代城市规划理论与实践演进的基础上，阐述新时期城市规划在确定主要问题、形成共同愿景、合理布局功能、夯实支撑体系、提出实施策略等方面发挥的重要作用，以统筹观推动城市发展转型。

1.1 什么是城市规划

改革开放的 40 年，我国城市迅猛发展，城乡面貌发生了天翻地覆的变化。城市规划在此期间发挥了重要的引导和调控作用，但是，随着城市化进程的加速，无序扩张、资源浪费、效能低下和管理碎片化等一系列城市问题日显突出，城市规划理念方法滞后于城市发展需求的状况日趋严重。

进入新时代，为保障国家战略有效实施、加快形成绿色生产方式和生活方式、推进生态文明建设，坚持以人民为中心、实现高质量发展和高品质生活、建设美好家园，需要进一步统筹城市规划建设管理体系、明晰城市规划的基本要素和作用机制。

1.1.1 城市规划的概念

我国现行的城市规划主要内容是城市建设规划，主要包括对城市未来发展的预判、城市建设计划安排和城市建设行为导控三大范畴。

城市的不同发展阶段、历史文化背景和社会经济发展水平对城市规划的实质内涵起着决定性的作用。《中国大百科全书》将城市规划定义为："为达到某些社会与经济目标而从事的综合性城市发展规划"。[1]《不列颠百科全书》提出，城市规划是对空间使用的设计和管控，主要关注空间形态、经济功能和社会影响等因素对城市建成环境的影响，以及建成环境中各种活动的区位安排。[2]

联合国人居署在《城市与区域规划国际准则》中认为城市规划"是一个决策过程，它通过制定各种空间愿景、战略和方案，运用一系列政策原理、政策工具、体制机制、参与和管治程序，实现经济、社会、文化和环境的目标"。

1　吴良镛、吴唯佳：城市规划词条，《中国大百科全书（第二版）》，http://h.bkzx.cn/item/.

2　Susan S. Fainstein, 城市规划词条，《不列颠百科全书》网络版，https://www.britannica.com/topic/urban-planning.

联合国人居署在《城市与区域规划国际准则》中，将可持续发展作为规划的最根本目标，系统阐明了在社会发展和社会包容、可持续经济发展以及环境保护和管理三个互补维度导向下，各国政府、地方部门、专业人员和社会团体在规划过程中的责任与工作准则。

总的来说，城市规划是从全局利益出发，以建造美好的人居环境为目标，引导自然环境、公共卫生、公共安全等公共资源合理保护和利用，以公共空间、基础设施、人居环境、产业发展等为关注重点，对一定时期内城市的经济和社会发展、土地利用、空间布局以及各类建筑和各项设施进行综合部署，统筹建设和实施管理。

1.1.2 新时期对我国城市规划提出的基本要求

2014 年 2 月，习近平总书记考察北京时指出，城市规划在城市发展中起着重要引领作用，考察一个城市首先看规划，规划科学是最大的效益，规划失误是最大的浪费，规划折腾是最大的忌讳。2015 年中央城市工作会议指出，城市工作要"统筹规划、建设、管理三大环节，提高城市工作的系统性""统筹生产、生活、生态三大布局"。规划工作必须"顺应城市工作新形势、改革发展新要求、人民群众新期待"，在"认识、尊重、顺应城市发展规律"的基础上，努力提高规划的合理性。《关于进一步加强城市规划建设管理工作的若干意见》中提出："城市规划在城市发展中起着战略引领和刚性控制的重要作用"；"创新规划理念，改进规划方法，把以人为本、尊重自然、传承历史、绿色低碳等理念融入城市规划全过程，增强规划的前瞻性、严肃性和连续性，实现一张蓝图干到底"；"按照严控增量、盘活存量、优化结构的思路，逐步调整城市用地结构，把保护基本农田放在优先地位，保证生态用地，合理安排建设用地，推动城市集约发展"。

回应不同经济社会发展阶段的城市问题，城市规划编制实施的出发点和关注点持续演进，也产生了各种城市规划相关理论。城市规划应以引导建设以人为本的城市为总体目标，统筹谋划实现可持续的城乡开发建设、保护利用和高品质的宜居宜业的人居环境。

1.2 西方现代城市规划的发展

1.2.1 现代城市规划的起源

1 乌托邦，Utopia 是古希腊哲学家柏拉图提出的。16 世纪后，西方学者用其指代"人类思想意识中最美好的社会"。

2 法郎吉，法文的音译。指夏尔·傅立叶所设想的共产主义的基本组织单位。

从 16 世纪开始，西方学者便开始以"乌托邦"[1]之名描述城市、社区和建筑的理想形式。19 世纪上半叶，英国空想社会主义者罗伯特·欧文和法国空想社会主义者夏尔·傅立叶等提出改良住房、改进城市发展的系列构想，并开展了"新协和村"、"法郎吉"[2]社区等实验，是空想社会主义者们为解决城市发展的症结而开展的探索。这些理念都对现代城市规划起源起到了一定影响。

现代城市规划起源于 19 世纪末至 20 世纪初的城市公共卫生、城市美化和田园城市等运动，随后还触发了西方 20 世纪涌现的多种规划思潮。

（1）城市公共卫生运动

工业革命后，欧洲资本主义国家城市出现人口恶性膨胀、居住条件恶劣等问题，城市陷入严重混乱，传染疾病迅速蔓延，城市环境整治和基础卫生设施建设开始被关注。作为工业化的发源地，英国于 1875 年制定《公共卫生法》，将城市住宅最低建设水平和城市卫生设施作为法定强制要求，1890 年继续颁布《工人阶级住宅法》，要求在旧住宅改造时，要全面执行排水、道路、日照等标准，达到改善工人生活环境的目标，这些举措可被视为城市规划的雏形。这一时期英国还出现了与工厂同期建设的企业城镇，如 1851 年的萨泰尔工人镇和 1887 年的日光港工人镇。

（2）城市美化运动

19 世纪中期，城市中迅速兴起的中产阶层、白领阶层，为逃避城市的污染和高犯罪率，纷纷移居空气和环境良好的远郊区，与此同时，人们对美好环境的渴望和追求提升，城市市容问题成为新的关注点。为了解决这些问题，在欧洲大陆影响最广的城市规划实践是 1853 年由法国官吏奥斯曼主持制定的巴黎规划，对城市脏乱地区进行拆迁整治，形成具有古典美的几何型公园大道网络。巴黎的模式对维也纳和科隆等城市起到了示范作用。在美国，1893 年芝加哥为承办世界博览会，在湖滨地带建成了以文化博览建筑、林荫道和公园组成的世博园区，由此在美国掀起了"城市美化运动"。芝加哥世博会规划设计师 D. H. 伯汉姆在城市美化运动中，主持了芝加哥总体规划和华盛顿、旧金山、克里夫兰的规划修订，并为很多城市规划了围绕纪念性建筑的广场和林荫道，受到各界的青睐，奠定了"城市需要规划"的思想基础。[1]

1 吴良镛、吴唯佳：城市规划词条，《中国大百科全书（第二版）》，http://h.bkzx.cn/item/.

（3）田园城市

英国社会学家霍华德于 1898 年出版了《明日：通向真正改革的和平之路》（再版后更名为《明日的田园城市》），提出了空间、社会和组织管理三方面的目标，形成"城乡磁体"（Town-Country Magnet）主张，以解决工业化阶段中城市化的所有缺陷，包括城市空间、社会和政府管理的弊端，建立一种规模有限、土地公有、兼有城市和乡村一切优点和经济自治的田园城市，城市在绿色田野上如同细胞，构成一个围绕中心城市的城市群（图 1-1）。霍华德不仅提出了"田园城市"的理论模式，还于 1903 年在距离伦敦 56km 的地方，组织建立了第一座田园城市——莱奇沃斯，1920 年又兴建了韦林。霍华德的"田园城市"是城乡结合的产物，对近现代城市规划发展贡献重大。其带有理想主义的城市规划理念、较为完整的理论体系成为现代城市规划思想的启蒙，也促成了后来的城市分散主义和卫星城理论的形成。

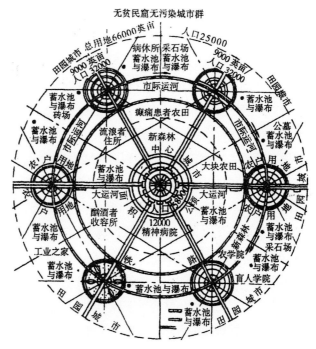

图 1-1 霍华德田园城市的图解

图片来源：引自全国城市规划执业制度管理委员会：《城市规划原理（2011 年版）》，中国计划出版社，2017，第 27-28 页．译自：（英）埃比尼泽·霍华德：《明日的田园城市》，金经元译，商务印书馆，2010，扉页 3，第 13 页

（4）多样化的规划思潮

第一、二次产业革命后，城市内部结构发生了根本的变化，促使人们从理论上研究城市的结构和组织形态，寻求最佳模式。如 18 世纪末和 19 世纪初，在西班牙产生了带形城市理论，对以后城市分散主义有一定的影响；在法国产生了工业城市理论，提出各类用地按照功能进行划分的思路，解决当时城市中工业区和居住区混杂而带来的各种弊病。区域思维也在这一时期产生，越来越多的建筑师以及社会学家、地理学家、经济学家等投入城市规划理论的研究。第一次世界大战后，在 20 世纪 20 年代初以柯布西耶为主导的功能主义学派基于技术革新，提出了加大城市高度和密度的城市集中主义和通过对大城市的人口和结构重组解决城市问题的机械美学。

1.2.2 城市快速发展时期的探索

（1）《雅典宪章》

国际现代建筑协会（CIAM）于 1933 年 8 月在雅典会议上制定了"城市规划大纲"，史称《雅典宪章》。《雅典宪章》在定义、引言以及总结中系统地阐述了城市及其周围区域之间的有机联系，指出城市和乡村都是构成一定区域的组成要素，城市研究不能脱离其所在的区域。《雅典宪章》认为，必须以经济单位的区域规划来代替单独孤立的城市规划；每个城市都应该制定与区域规划、国家计划相匹配的城市规划方案。认为影响城市发展的基本因素经常在演变，因此城市规划必须预见到城市在时间和空间上不同阶段的发展，并在规划中将自然、社会、经济和文化等因素结合起来。提出了规划师应建立以人的需要和以人为出发点的价值观念。研究和分析了当时城市在居住、工作、游憩和交通四大功能方面的实际状况和缺点，并提出了改进的意见和建议；指出城市的四大功能要协调发展，而且在发展的每个阶段中要保持各种功能之间的平衡。同时提出保存具有历史意义的建筑和地区的重要性。[1]

1 金经昌：《雅典宪章》，中国大百科全书（第一版），2015-12-22. http://h.bkzx.cn/item/ 雅典宪章.

（2）有机疏散论

20 世纪 30—40 年代，美国的郊区化思想开始孕育，赖特首先提出了城市应与周围的乡村结合在一起，将完全分散的、低密度的生活居住就业组合在一起的城市形态，称为"广亩城市"。随后，又衍生出将城市活动划分为日常性活动和偶然性活动，以沙里宁为主的学者提出"对日常活动进行功能性的集中"和"对这些集中点进行有机疏散"的有机疏散思想。受这些思想的影响，二战后欧美一些大城市通过卫星城的建设实现了功能与空间的疏散和重组。

（3）系统规划论

从 20 世纪后半叶起，系统科学在控制论、运筹学和系统工程中取得巨大发展，非线性动力学、自组织、混沌、分形等新的理论被应用于复杂系统分析，20 世纪 80 年代，形成了复杂性科学，城市被视为开放的复杂巨系统，电子信息技术、遥感和地理信息系统等新技术手段在城市规划领域中的应用逐步推广，对城市规划科学产生了重大影响。城市规划此时出现了从分解到综合的系统规划思想，并运用系统方法、数学方法来理性分析、模拟城市。

（4）《马丘比丘宪章》

1977 年，国际现代建筑协会在秘鲁的玛雅文化遗址地马丘比丘召开会议，并制订了著名的《马丘比丘宪章》。从《雅典宪章》到《马丘比丘宪章》，城市规划理念一些方面的转变，表达了人类对城市这一生存空间"宜人化"的追求，说明现代城市规划发展趋势是从理性主义向社会文化主义转变，从空间功能分割向城市系统整合转变，从终极静态的思维向过程循环的思维转变，从精英规划向公众参与规划的转变。这两个宪章是对不同历史时期城市规划理论的总结，对世界城市规划均产生了重大影响。

（5）新城市主义和后现代主义

1950 年以来，美国郊区化的大规模发展使城市用地不断向外蔓延扩张，到 20 世纪 90 年代，城市蔓延问题得到前所未有的关注，政府、城市规划设计者、环保机构等发起了一系列运动来阻止这种蔓延，提出了诸如可持续社区、新城市主义、绿色城市主义、精明增长、绿色发展等新理念。新城市主义的核心思想是对旧城中心的精华部分按照现代人的需求进行保护和活化利用，注入现代功能，保持经典的尺度和形态；而在城市郊区，用更集约绿色高效的"紧凑城市"模式发展，更适合步行，更环境友好，更可负担，形成了"传统邻里发展模式"（Traditional Neighborhood Development，简称 TND）和"公共交通导向发展模式"（Transit-Oriented Development，简称 TOD）等具体实践方法。

随着城市化的发展，到了 1970—1980 年间，城市生活中出现了许多现代主义无法解释的问题，从而导致后现代主义思想的产生。后现代城市规划的关注点转向社会公正、人性化的城市设计以及对城市空间现象成因的探寻，倡导"以人为中心"的城市规划，基于社区规划，综合考虑城市的多元文化和价值观等因素。

1.2.3　面向新千年目标的城市规划

城市化现已成为影响世界大多数人口的全球趋势。目前，全世界有 50% 的人口居住在城市。根据现有数据预测，到 2050 年，将有另外 30 亿人涌入城市中心区域，这意味着将有 70% 的世界人口居住在城市。人口、经济活动、社会和文化互动以及环境和人道主义影响越来越集中在城市，这对住房、基础设施、基本服务、粮食安全、健康、教育、就业、安全和自然资源等方面的可持续性构成重大挑战。因此，人类可持续发展之战的胜负将由城市决定已成为共识。

2016 年 10 月 20 日第三届世界人居大会（简称"人居三"）在基多举行。大会唤起了世界对城市规划学科重要性的重新认识。"人居三"重新给予了城市规划在城市治理中的重要性，强调了城市规划在城市发展决策中独特而独立的学科支撑作用。大会闭幕式上通过了具有里程碑意义的核心文件——《新城市议程》。它是联合国 2030 年可持续发展目标的重要组成部分，更是一份着眼于行动的文件，可为未来城市的可持续发展设定全球标准。

"人居三"对世界城市规划学科的发展有重要的启发。《新城市议程》强调优良的城市规划是引领健康城镇化、应对气候变化和社会分化等重大全球挑战的重要工具，同时，城市规划重新被认识为协调城市发展的重要社会工具。

《新城市议程》强调包容性发展、合作与分享的理念；强调城镇化、城市问题的分析对于应对当今全球共同挑战的重要性；提出必须要有系统的解决方案和多重力量的融合，从社会、经济和环境这三个可持续发展的基本维度入手，通过政府、企业和社会的合作与互动，采用立法、体制机制以及金融杠杆等，从国家政策到规划设计、规划实施全过程，进行创新与协同。

《新城市议程》着眼于全球消灭贫困和建立全球治理体系，提供了城市问题的系统解决方案，对城镇化、城市发展进行系统研究，涉及消除贫困与包容性发展、经济繁荣与机会均等、环境与韧性等主要方面，从治理结构调整、加强城市规划与设计、可持续的财政支撑等方面入手，以规划的传导与实施为核心内容，是一次从城市要素向城市系统的迈进。

1.3 我国近现代城市规划的产生和发展

1.3.1 现代城市建设起步时期的规划

19 世纪中后期，中国城市逐步进入工业化阶段，现代经济部门开始在城市出现，以手工工具、人力、畜力等自然力为特征的城市手工业和商业也逐渐被机器生产和蒸汽机动力为特征的现代工业和以此为基础的商业贸易所替代。现代工业及商业的兴起，还带动了以轮船、铁路、公路为标志的交通业的兴起和发展。

20 世纪前期，我国各大城市都开始了现代化的城市建设进程，借鉴西方现代规划理论的规划工作也同时展开。如广州市在 1918 年市政公所成立后，城市开始拆城墙，修建了第一批现代马路。1921 年，孙中山在《建国方略·实业计划》中提出"南方大港"构想，计划将广州建设成为世界大港。20 世纪 30 年代编制的《广州工务之实施计划》和《广州市城市设计概要草案》，详细地阐述了广州市区的地志、旧城改造与新区建设以及道路、港口、城市公共设施等建设计划的内容，其要点包括确定广州市区界线和功能分区，将全市地域划分为工业、住宅、商业、混合等四个功能区，提出了发展珠江南岸、道桥建设、内港及堤岸建设等。此外，还对全市渠道与濠涌的整理，公共建筑、娱乐场所及公园等建设进行了规划。

抗战结束后，在城市恢复和重建的过程中，《大上海都市计划》第三稿等几个大城市的规划借鉴并引进了西方现代城市规划理论、方法和实践经验，对城市发展进行了分析，编制了较为系统完善的城市规划方案。

1.3.2 中华人民共和国成立初期按项目建城的规划

中华人民共和国成立初期，城市发展建设方向必须适应城市经济的恢复和发展，变消费城市为生产城市。经过 3 年的恢复生产，城市初期重点改善市政设施、居住条件，整治城市环境和改造落后面貌。1951 年 2 月，中共中央提出城市建设要根据国家长期计划，分别在不同城市，有计划、有步骤地进行新建或改造。从此，中国的城市建设工作进入了统一领导、按规划进行建设的新时期。这一时期，中央和省市也设置了相应的城市规划工作管理和设计机构。1956 年，国家建委颁布的《城市规划编制暂行办法》是中华人民共和国第一部重要的城市规划立法。第一个五年计划时期，为配合在全国分布的 156 项重点工程项目等大规模工业经济建设，全国新建城市 6 个，大规模扩建城市 20 个，一般性扩建城市 74 个，为使其布局合理、选址得当、配套齐备，许多城市展开了总体规划编制工作。1949—1960 年，全国设市 199 个，先后有 150 多个城市编制了城市总体规划。

1.3.3 改革开放后城市规划的全面实践

改革开放初期，在恢复、完善 20 世纪 50 年代末的相关制度和工作要求的基础上，城市规划进入了快速发展时期。这一时期，城市规划一方面受限于既有的规划制度和对规划的认识，另一方面由于长期城市建设欠账出现了住房短缺、交通拥挤、公共设施和市政设施严重不足等现实问题。20 世纪 80 年代，相继出台多部城市规划相关的条例和部门规章，有效保证了城市建设的有序进行。1989 年 12 月全国人大常委会通过了《中华人民共和国城市规划法》并于 1990 年开始施行，该法完整地提出了城市发展方针、城市规划的基本原则、城市规划制定和实施的制度。

在宏观规划层面，至 20 世纪 80 年代中期，全国绝大部分设市城市和县城基本上都完成了城市总体规划的编制，并经相关程序批准，成为城市建设工作的重要依据。此后从县域、市域起步，以区域视角考虑城市规划建设的城镇体系规划，进一步向城镇群、省域乃至全国铺开。

在地区规划层面，20 世纪 80 年代中后期，在经济体制改革过程中，面临着市场经济下城市规划如何发挥作用的问题，上海、桂林、苏州、厦门、广州、温州等城市积极探索，逐步形成了控制性详细规划的基本框架。此后经建设部的推广，控制性详细规划在实践中不断完善，对全国的城市经济发展以及城市规划的运用发挥了重要作用。

在历史文化保护方面，国务院于 1982 年、1986 年、1994 年相继公布了三批共 99 个国家级历史文化名城，后经历年增补，截至 2018 年 5 月，全国共公布了 135 个国家级历史文化名城，为历史文化遗产的保护起了重要的推动作用，并从制度上提供了可操作的手段。历史文化名城保护规划成为城市规划中的重要内容，全面开展。

20 世纪 90 年代后，伴随着社会经济的快速发展，中国的城市化进入了快速发展时期，可持续发展的概念被不断强化。在中国全力推进加入 WTO 进程的同时，以培植城市竞争力为核心的空间发展战略规划，从世纪之交的广州市起步，之后在诸多大城市普遍开展。

1.3.4　城市规划工作面临的问题

经过多年的探索实践，我国的规划工作在发挥重要作用的同时，不平衡、不协调、不统筹的问题仍较为广泛地存在，具体表现为：

（1）规划条块分割

种类繁多的规划编制过程中，信息不共享、目标不协同、标准不衔接、期限不对应，往往造成热点重复规划和难点一笔带过的局面。例如尽管众多部门规划多年来都强调重视水治理问题，但老百姓最盼望实现"清水绿岸、鱼翔浅底"的目标仍在攻坚阶段。

（2）城市规划建设管理各自为政

投入大量人力物力编制的规划，勾勒出美好的图景和目标，常常因为规划建设管理目标不统一、步调不一致、职责不清晰、各自管一段，导致效果大打折扣。道路管线建设维修时序不协调造成"拉链路"，洒水车高峰期准点上岗带来片区交通拥堵等尴尬的"喜剧"场景不时上演。

（3）城市规划理论与实践严重脱节

我国在快速发展时期涌现的大量规划建设项目，大多是针对经济社会发展和部门工作需要的问题导向式规划。规划热衷于将国外已有规划理论和案例进行拼贴式、实用化的组合，并加上"对标国际领先城市"的时髦标签，严重缺乏对城市发展和城市建设现实问题进行全面深入调研分析。在这样的工作模式基础上进行的规划理论研究，大多停留在引用国外理论观点解释国内案例的阶段，难以形成紧密结合我国国情并与国家治理、城市治理现代化要求相适应的规划理论体系。

1.4 统筹规划和规划统筹

通过城市规划发展历程的回顾，结合致力于绿色发展城乡建设的总体要求，城市规划在找准主要问题、提出共同愿景、确定城市布局、夯实支撑体系和制定实施策略五个方面发挥作用。

1.4.1　找准主要问题

现代城市规划工作，要从对城市发展阶段、形势、挑战和机遇等调查研究、评估和判断开始，分析确定城市当前面临的主要问题。既要对城市历史演进、社会、经济、环境和人文发展态势、市民生活居住水平、城市设施运行情况进行全面评估，又要对城市在国家战略大局和区域发展部署中的地位作出判断，找出发展差距，分析比较优势。综合运用基础调查、专题研究、实地踏勘、社会调查、政策评估、数据统计分析等方法，明确当前城市建设和城市发展的主要矛盾和需解决的关键问题，以确立城市阶段发展目标。

1.4.2　提出共同愿景

城市规划是统一思想、凝聚各方共识的重要手段，可以有效地协调社会各利益主体间以及政府部门之间的关系。通过规划，将城市建设发展的各个核心议题进行战略性整合，形成综合框架，并充分听取各级政府、各部门、各行业和广大公众的意见，多方联动，充分协调，凝聚社会共识，从而形成对城市未来目标的共同愿景。城市规划确定的愿景和长远目标可以减少很多不确定性因素，让城市建设具有明显的连续性特征。

城市规划在形成共同愿景的同时，按照建设实施的时序确定不同时期的阶段性目标，还将共同愿景分解为经济发展、交通与基础设施、民生福祉、生态文明等不同方面来确定具体指标的目标值。这利于统筹、协调推进城市建设的各个方面内容，利于城市共同愿景的实现。

1.4.3　确定城市布局

规划作为一项全局性、综合性、战略性的制度设计，是城市空间治理的依据和基础，通过优化城市发展要素在空间上的布局实现城市的有序发展。城市规划综合考虑城市与区域的关系、城市自身发展阶段、城市内部不同功能组团间的关系，按新发展理念转变城市发展方式，推进城市空间格局的优化调整，为生产要素流动与空间配置创造良好条件与环境，为产业发展与转型搭建平台，激发城市内生动力。

城市规划结合自然生态条件，从城市的整体性、系统性和生长性出发，围绕"以人为本"，确定城市合理的承载力，合理布置城市空间要素，使城市各类要素相互协调，实现生态环境的维育并提供宜人的生活环境。

城市规划根据城市自身特点，提供更好展现城市特色的城市空间格局和模式，并实现对密度与强度的合理配置、土地的高效使用，以及公共空间、基础设施与服务设施的精准布局，有效改善环境、住房、就业、交通和安全等问题。此外，城市规划在微观尺度从人的日常生活出发，构建安全、舒适、友好的社会基本生活平台，以完整社区为基本空间单元，激发社会活力，造福于广大人民群众，从而营造更美好的城市。

1.4.4　夯实支撑体系

通过城市规划，可以统筹夯实城市交通、市政和安全韧性等基础，有力支撑城市可持续发展。

依据区域发展要求和城市融入全国、全球产业链、价值链的需求，城市规划对港口、铁路、公路和航空等区域交通设施进行统筹安排，构建城市门户和枢纽，支撑城市人流、物流的高效联系，支撑城市产业运行。

运用城市规划和交通政策手段，对接交通供给和需求，化解交通拥堵"城市病"，更有效地支撑市民生活。提供便捷而高效的出行条件，树立以人而非机动车优先的交通理念，紧扣市民的居家、工作、购物、学习和健身、休闲等日常活动的出行需求，建立舒适、畅达的绿色出行网络，让市民可更为自如地选择居住区位。

水、能源和垃圾管理等市政设施支撑体系是城市繁荣的基础，与城市发展、市民生活品质息息相关，也对城市布局有重大影响。因此，在城市规划过程中，应将市政设施置于核心地位，并通过城市规划与市政设施的全生命周期整合，实现市政设施建设运行维护的投资效益最优化。

城市产生了全球 75% 的温室气体排放，[1] 气候变化对城乡人居环境的影响正在加剧，海平面上升、风暴、暴雨、洪水、干旱、飓风、热浪和其他极端气候事件的发生频率和严重程度增加。城市规划应更好地发挥支撑城市安全韧性的作用，强化生态屏障维育，建设能够应对气候变化影响的城市，缓解风险，降低城市脆弱性。

1　UN-Habitat, "Cities and Climate Change, Global Report on Human Settlements. Nairobi"[R]. UN-Habitat, 2011:12-16.

1.4.5　制定实施策略

通过城市规划，使得城市建设的时序与节奏更可控、更有节律。城市随时都会面临众多的挑战和问题，诸如文化传承、城市安全、城市环境、交通畅顺、便民利民、就业岗位、吸引投资、带动经济，等等。在城市长远战略和共同愿景的引领下，明确具体可利用资源和当前亟待解决的问题，提出实施策略，落实实施项目。

同时定期对规划实施效果进行跟踪反馈，做出评估和预警，比对与原定目标的偏差，持续对规划的目标、策略和实施重点进行优化，确保规划实施不走样，不偏向。

综上所述，统筹是发挥好规划作用，实现城市转型发展的重要途径。2015 年中央城市工作会议召开，提出"一个尊重，五个统筹"（图 1-2），为城市的发展指明了方向，围绕"以人为本"的基本点，统筹推进产业转型、城市转型、社会转型，为生产要素流动与空间配置创造良好条件与环境，激发城市内生动力。保障城市的健康可持续发展，承载经济社会发展的重任和人们对美好生活的向往。

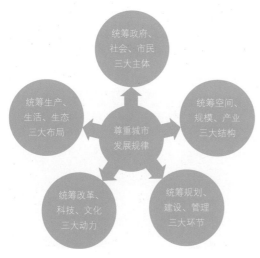

图 1-2 "一个尊重"和"五个统筹"

一方面，要推动实现"多规合一"以统筹规划谋划"一张蓝图"，有效指导实现高质量发展。

另一方面，要建立城市规划建设管理统筹机制，以规划统筹实施"一张蓝图"。

02

统筹规划，
绘制好一张蓝图

● 本章重点讲述统筹规划的概念，统筹了什么规划，如何统筹规划编制，绘制好一张蓝图。论述统筹规划的领域、关键要素，提出一张蓝图绘制的范畴、原则、价值导向和方法，分别论述发展战略蓝图、刚性管控底图、要素系统配置图、公共空间系统营造图和审批管理一张图的内涵、作用和构建方法。

2.1 统筹规划的提出与意义

2.1.1 统筹规划解决的问题

改革开放 40 年，我国城市迅猛发展，城乡面貌发生了天翻地覆的变化。城市规划在此期间发挥了重要的引导和调控作用。但是，随着城市化进程的加速，无序扩张、资源浪费、效能低和管理碎片化等一系列城市问题日显突出，一方面城市规划理念、方法滞后于城市发展需求的状况日趋严重。另一方面出现了种类繁多的涉及城市的规划，这些规划信息不共享、目标不协同、标准不衔接、期限不对应，各层级、各专业部门立足本位、多头编制，导致规划"打架"现象较为广泛存在。

2.1.2 统筹规划的必要性、充分性

城市发展的重要特征体现在城市的整体性、系统性和生长性。解决城市发展不平衡、不协调、不可持续等突出问题的基本办法就是统筹兼顾，就是要总揽全局、科学筹划、协调发展、兼顾各方。习近平总书记指出："统筹兼顾是中国共产党的一个科学方法论。它的哲学内涵就是马克思主义辩证法"。

要以战略规划为引领，以"多规合一"手段统筹规划，构造"一张蓝图"，统筹推进产业转型、城市转型、社会转型，有效指导管理高质量发展。

2.2 突出战略引领，制定发展战略蓝图

制定发展战略蓝图对一个城市的发展至关重要，一方面作为城市顶层设计，它从战略层面系统综合地指导城市经济、社会、环境等各方面的长远发展；另一方面它为统筹规划、实现"一张蓝图干到底"提供了基本遵循。突出广泛参与的制定和实施过程，最终达成共识，成为城市领导者治理城市的纲领性文件，是"多规合一"的"一"。

2.2.1 发展战略蓝图的内涵与载体

（1）作为城市顶层设计的发展战略蓝图

发展战略蓝图是城市长远的综合发展部署，提出城市发展的宏观框架和引导策略，指导基础设施和公用设施及各层次规划的建设。[1]

第一，从规划地位上，发展战略蓝图是指导城市发展的顶层规划，在规划体系中占据统领地位，是统筹各类各层规划的总纲领。如新加坡建立了作为战略蓝图的概念规划和实施蓝图的总体规划[2]相结合的规划体系，在概念规划的指导下总体规划每五年修编一次并作为城市土地开发建设的法定依据。

第二，从规划内容上，发展战略蓝图不是空间战略，也不是经济社会发展计划，而是涵盖经济、社会、文化、生态等全方位发展战略的城市综合性规划。它是立足长远、指导全局的城市发展战略，重点解决城市中长期发展的定位、目标、实施路径、方法等重大方向性问题，并且以空间为载体，落实战略意图，引导城市有序发展。

第三，从规划制定过程上，发展战略蓝图特别重视"协作式规划"，强调由政府、专家、社会团体、市民等多主体参与并形成共识的规划过

1　王蒙徽等：《广州城市总体发展概念规划的探索与实践》，《城市规划》2001年第3期。

2　与我国的总体规划不同，新加坡的总体规划是总体空间布局规划，是直接指导开发控制的法定文件，包含法定化的用地性质、容积率等规划设计指标。

程，创新公众参与的途径和形式，发动并组织广大民众参与规划的全过程，作为规划组织者的政府更多充当引领、协调、整合的角色。

第四，从规划实施上，发展战略蓝图解决的是战略性、方向性的重大问题，需要建立有效的实施机制和保障体系，将发展战略蓝图的战略意图逐层落实到城市发展建设的实践行动中。

（2）发展战略蓝图的探索实践

从国内外发展情况看，发展战略蓝图是在传统法定规划体系不适应于当时城市发展需求的背景下出现的，因此其载体形式多以非法定规划为主，如：大伦敦战略规划、广州城市建设总体战略概念规划纲要（2000）、香港 2030 规划远景与策略等。也有法定规划，如新加坡概念规划，早在 20 世纪 60 年代新加坡引进了西方结构规划的思想编制概念规划并与总体规划建立了二级规划体系，先后形成了 1971 年、1991 年、2001 年和 2011 年四版概念规划，制定概念规划成了法定化、常规化的制度。

案例：广州战略规划

2000 年，广州市人民政府组织开展城市总体发展战略规划咨询，形成了《广州城市建设总体战略概念规划纲要（2000）》的成果，2001 年经市政府常务会研究通过，成为国内首个编制战略规划的城市。战略规划解决了当时广州城市发展目标、空间发展方向、发展路径等重大战略问题，成为引领广州城市发展的顶层设计。2003 年、2006 年广州开展了对战略规划的评估检讨，2007 年广州市组织编制了新一轮的战略规划，完成了《广州 2020：城市总体发展战略规划》，并探索构建了"战略规划—法定规划—行动计划"的法定规划和非法定规划相结合的规划编制体系（图 2-1）。[1]

1 吕传廷等：《从概念规划走向结构规划——广州战略规划的回顾与创新》，《城市规划》2010 年第 3 期。

22

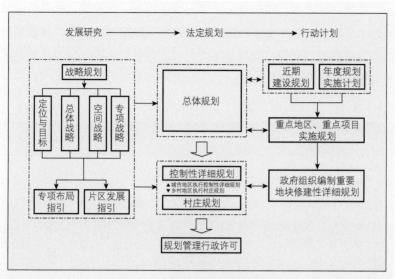

图 2-1　广州市城乡规划编制体系示意

案例：新加坡概念规划[1]

1　资料来源：新加坡城市重建局网站 www.ura.gov.sg.

新加坡的法定规划体系分为"概念规划—总体规划"两个层级。概念规划是战略性综合规划，制定发展原则和长远目标，旨在指导未来四五十年的城市发展。总体规划确定土地功能、开发容量、基础设施和其他公共设施等用地，是城市土地利用的法定依据。

新加坡的第一版概念规划编制于 1971 年，确定了城市未来发展的基本空间格局和功能结构，并在以后的概念规划中也得以延续，同时规划提出了住区建设、产业园区开发、重大基础设施和交通组织、环境绿化等方面的目标和建设原则。随后概念规划在 1991 年、2001 年、2011 年分别进行了修编，形成了每十年修编一次的常态化机制。

当前发展战略蓝图的法定化已是大势所趋。国内探索过两种形式，一是在地方层面通过较为严格的编制审批程序赋予发展战略蓝图法定地位，如《美丽厦门战略规划》，由市委、市政府牵头组织编制，以市人大审议通过的形式，确定其法定地位。这种方式在地方层面一定时期内解决了发展战略蓝图的法定地位问题。

而另一种是通过对现有法定规划改革创新，使其成为发展战略蓝图的法定载体，如《上海市城市总体规划（2017—2035）》，突破传统城市总体规划的局限，改革总体规划编制方法和内容，使总体规划成为引领城市发展战略的蓝图。

案例：《上海市城市总体规划（2017—2035）》

2014 年上海市启动新一轮总体规划编制工作，2017 年 12 月 15 日获国务院批复。新一轮总体规划编制之初就提出了"要实现由经济导向的传统发展观转变为以人为本的科学发展观，由外延发展型规划转变为内生增长型规划，由愿景式终极目标思维转变为底线型过程控制思维，由规定性技术文件转变为战略性空间政策"等总体规划编制转型要求。[1]

从规划的内容和成果体系上，上海新总体规划强调发挥"战略蓝图、法定依据、政策平台和行动纲领"的作用。第一，体现战略引领作用是总体规划的核心内涵，建立从目标到策略严密的逻辑框架，统筹城市发展有关的各个系统。第二，突出城市总体规划作为城市公共政策本质属性，突出对公共利益保障等刚性管控内容，加强对管控要求的传导和动态监测，体现城市总体规划作为指导城市建设的法定依据作用。第三，强调在实施维度上建立规划、建设、管理的统筹机制，引导社会多元力量参与规划实施，体现城市总体规划作为行动纲领的作用。第四，以城市总体规划与土地利用总体规划为核心，对接深化主体功能区规划，以空间为平台统筹协调各部门政策，实现从技术性文件向政策性文件的转变。[2]

从规划编制组织上，一是坚持政府组织领导、多部门协作。成立由市委书记担任组长的总体规划编制工作领导小组，并下设办公室，由市发展改革委、市经济信息化委、市住房城乡建设管理委、市交通委、市环保局、市规划国土资源局、市政府研究室、市政府发展研究中心 8 个核心成员单位组成。邀请 40 个研究团队，联合 22 个委、办、局，开展 18 项战略专题研究、28 项专项规划编制。二是多领域专家咨询。建立由核心专家、咨询专家组成的专家顾问委员会，以及其他来自不同领域的百余位专家，对规划编制进行全过程把控，强化专业支撑（图 2-2）。三是多渠道公众参与。成立由人大代表、政协委员及社会人士代表组成的"公众参与咨询团"全过程参与规划，组织 11 场战略专题研讨会、上海市城市总体规划概念规划设计竞赛、上海市城市总体规划公众调查等，形成了最广泛的公众参与格局。四是多方位区域协调。主动与江浙两省规划主管部门和近沪地区城市政府联系，就规划重要内容进行沟通，同时组织各方规划编制单位在技术层面进行多轮对接。[3]

1　张尚武等：《战略引领与刚性管控：新时期城市总体规划成果体系创新——上海 2040 总体规划成果体系构建的基本思路》，《城市规划学刊》2017 年第 3 期。

2　同上。

3　张尚武等：《战略引领与刚性管控：新时期城市总体规划成果体系创新——上海 2040 总体规划成果体系构建的基本思路》，《城市规划学刊》2017 年第 3 期。

图 2-2　上海总体规划编制工作组织构架示意

图片来源：《上海市城市总体规划（2017—2035）草案公示公众读本》

2.2.2　发展战略蓝图的功能作用

（1）城市需要一个具有广泛共识的发展战略蓝图

为什么要制定发展战略蓝图？一个城市要保持健康、持续、快速的发展，需要一个立足长远的、科学的发展战略蓝图以凝聚广泛共识，明确前进方向。发展战略蓝图的功能作用主要体现如下：

落实国家和区域战略部署。十八大以来国家提出了"两个一百年"奋斗目标，作出了"五位一体""四个全面""五大发展"、推进国家治理体系和治理能力现代化、生态文明体制改革等一系列战略部署。同时省级或跨省区域层面各地区域合作协同、城市群一体发展等战略决策也在深化落实阶段。因此需要通过发展战略蓝图，结合地方实际，落实这些上位的战略目标和要求。

明确城市中长期全局发展的目标与路径。发展战略蓝图在落实上位战略要求并识别城市发展现状与问题的基础上，明晰城市中长期发展的总体目标、分阶段目标及指标，针对目标提出切实可行的行动策略与实施路径。因此通过发展战略蓝图，不仅统筹城市未来发展的目标方向，同时也使其战略意图能够传导到城市发展各方面的具体行动中。

形成广泛共识并建立统筹协调的管理体系。发展战略蓝图通过多元主体的参与过程，一方面是让市民共同参与到城市未来发展的谋划和决策中，形成广大市民的共识，提升市民的地方识别感和归属感；[1]另一方面是形成各管理部门的共识，统一思想认识，改变以往自上而下以"条"为主的纵向部门管理方式，建立"条块"协调、统筹各部门的综合管理体系。

为统筹空间规划建立基本遵循。通过发展战略蓝图，统筹考虑城市整体性、系统性，构建理想的城市空间形态，形成基本的空间规划原则，并以此统筹各类规划，引领形成覆盖全域的一张蓝图。

（2）发展战略蓝图的价值导向

20 世纪 90 年代中期，我国开始了对发展战略蓝图的研究与实践探索。以 2000 年的广州战略规划为标志，这一创新实践对我国战略规划研究具有重要指导意义和示范作用。这一轮的发展战略蓝图维持了相当长的一段时间，其特征包括：一是以深化城市竞争力为导向，强调城市在区域竞争中于交通、产业等方面占据中心地位。[2]二是以空间拓展和空间重构为核心。过去十来年，中国城市正处于空间快速拓展时期，建设新城以及大规模的基础设施是战略规划的核心内容。[3]三是规划组织上强化城市政府的领导，同时也推动了编制过程的"开放化"。作为施政纲领的战略通常由政府直接领导组织编制，编制过程通过多轮的研讨咨询等方式，广泛听取各方专家、部门及公众的意见。

随着中国经济发展进入新常态，以城市空间为载体，以单纯追求 GDP 数量为主要目标的发展模式遇到全新的挑战，而城市规划作为空间发展的制度工具迫切需要转型。[4]国家深化改革的一系列部署对发

1　郑国：《基于城市治理的中国城市战略规划解析与转型》，《城市规划学刊》2016 年第 5 期。

2　张京祥、陈浩：《空间治理：中国城乡规划转型的政治经济学》，《城市规划》2014 年第 11 期。

3　邓伟骥、何子张、旺姆：《面向城市治理的美丽厦门战略规划实践与思考》，《城市规划学刊》2017 年第 5 期。

4　张京祥、陈浩：《空间治理：中国城乡规划转型的政治经济学》，《城市规划》2014 年第 11 期。

展战略蓝图的核心价值、组织编制和实施方法等提出新的要求。在此背景下，发展战略蓝图的规划内容、方法及组织实施也必然面临变革与创新。发展战略蓝图更加注重规划过程，尤其是通过利益相关者的理性争论达成共识的过程；[1] 要求创新规划内容表达，更加强调公众的可接受性。此外，特别强调战略与行动规划的结合，将多个部门的行动纳入规划中。[2]

1 郑国:《基于城市治理的中国城市战略规划解析与转型》,《城市规划学刊》2016 年第 5 期。

2 吴良镛、武廷海:《从战略规划到行动计划——中国城市规划体制初论》,《城市规划》2003年第 12 期。

2.2.3 制定发展战略蓝图的关键要点

（1）强化发展战略蓝图的统筹功能

一是形成城市发展的战略共识。城市发展战略蓝图既然是指导城市全局发展的顶层规划，就要体现城市发展的理想追求，同时作为城市政府治理城市的纲领，需在关系城市发展的重大问题上形成战略共识。从强化治理功能出发，发展战略蓝图重点突出以下几个方面的共识：一是落实国家、省级战略要求，明确城市在大区域发展中的定位和角色。二是在城市发展的价值选择上，强调尊重城市发展规律，严守生态保护红线、环境质量底线、资源利用上线，突出精明增长、绿色发展的理念，重视如何推动城市发展由外延扩张式向内涵提升式转变，实现可持续发展。三是突出城市的整体性、系统性，战略目标和行动策略涵盖"五位一体"城市全方位系统发展的内容，形成城市经济、社会、生态、文化等各方面发展的共识。四是突出对"蓝图"的共识，明确空间是统筹发展的载体，统筹规划是实现"五位一体"发展的重要路径，这也是发展战略蓝图和国民经济与社会发展规划在内容上的最主要差异。

案例:《1985—2000 年厦门经济社会发展战略》

1988 年，时任厦门市委常委、常务副市长的习近平同志主编了《1985—2000 年厦门经济社会发展战略》(图 2-3)，对厦门经济特区建设进入新的历史阶段的经济社会发展进行了总体的战略规划，包括1个总体战略和21个专题研究，既明确了战略地位、战略目标、发展模式、战略重点和实施对策，又分专题进行了深入研究，提出了实施的方案和举措，有很强的指导性、针对性和可操作性。一是明确了战略地位。提出厦门是闽南的经济中心、我国东南沿海的门户、实现祖国统一的桥梁、我国同亚太经济区域联系的基地。二是提出了战略目标。把厦门建设成具有自由港特征的多功能的社会主义经济特区，成为经济繁荣、科技先进、环境优美、城市功能较为齐全、人民生活比较富裕的海港城市。三是提出了实现战略目标的三个战略和七个对策。包括：实行"一个模式、两次转型""以工业为主、港口为中心、对外贸易为导向""外引内联"的发展战略，从体制改革、城市建设、产业结构、技术进步、人才培养、开拓国际市场、资金利用七个方面提出战略实施具体对策。

图2-3　《1985—2000年厦门经济社会发展战略》

案例：《美丽厦门战略规划》

2013年，厦门市委市政府深入领会习近平总书记当年对厦门的重要指示精神，为落实十八大以来中央一系列战略部署，并推进厦门城市转型发展，组织编制了《美丽厦门战略规划》。《美丽厦门战略规划》不同于国民经济社会发展、城市总体规划或土地利用总体规划，也不局限于空间战略规划，是一个涵盖经济、政治、文化、社会、生态"五位一体"的城市顶层规划，强调贯彻国家发展的大政方针，落实国家对厦门城市发展的战略要求，并且立足于厦门实际，为广大市民所认可和接受。2016 年厦门对实施三年的战略规划进行回顾和提升，广泛征求意见、科学优化内容，提升后的战略规划更加全面、更加科学，适应新时期转型发展的需求，也为深化空间规划改革明确了方向。规划主要内容如图 2-4 所示。

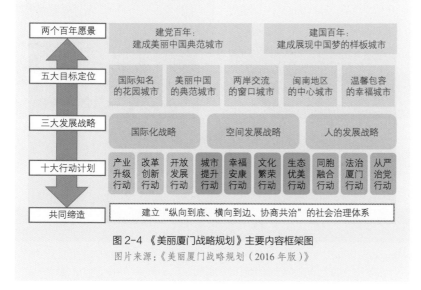

图 2-4 《美丽厦门战略规划》主要内容框架图

图片来源：《美丽厦门战略规划（2016 年版）》

二是突出编制过程的全社会动员。统筹的核心在于多元主体协调互动形成共识的过程。发展战略蓝图作为城市政府的施政纲领，特别强调编制过程的全社会动员。从编制的组织和方法上，发展战略规划由城市主要领导者亲自牵头开展，落实城市政府在发展战略规划编制实施中的主体责任；动员各部门、专家及社会团体广泛开展战略相关议题的研究探讨；强调"听需于民"，动员广大市民建言献策；规划的各阶段成果要求广泛征询并吸纳部门、专家、公众的意见，并且最终经严格正规的程序审议公布，突出规划的权威性、延续性；规划成果以多种形式加强广泛宣传，特别是对广大市民的宣传，提高公众对发展战略蓝图的认识，广泛调动和激发公众积极参与美丽家园共建的热情（图 2-5）。

图 2-5 《美丽厦门战略规划》市民手册封面示意

1 邓伟骥、何子张、旺姆：
《面向城市治理的美丽
厦门战略规划实践与思
考》，《城市规划学刊》
2017 年第 5 期。

案例：《美丽厦门战略规划》编制组织

2013 年厦门市开展《美丽厦门战略规划》过程中，市委市政府组织各部门开展了 19 项重点改革课题的研究，为规划奠定重要基础；规划起草过程中，市委先后召开了 5 次常委会、21 次专题会议进行研究和指导；多次邀请城乡规划、经济、环境、生态、园林景观等各领域专家进行咨询及研讨。规划阶段成果向 276 家上级部门、部省属驻厦单位和本市单位征求意见；向市民发放了近 70 万册的入户手册，并在市规划委网站发布规划，征求广大市民意见，共收集意见建议 3.2 万余条，整理汇总形成 1510 条，并逐一反馈说明修改情况，其中有 1302 条被吸纳进战略规划和配套编制的《三年行动计划方案》中。[1]

此外，规划形成了中英文的宣传手册及宣传电视片，开展了广泛的公众宣传活动，包括：2013 年 8—10 月间，厦门市规划委和《厦门日报》携手开通了美丽厦门新闻大篷车专列，走进 30 多个社区，宣传规划，收集民意；市规划委主要领导赴各区及市行政服务中心开展规划专题宣讲会；"9.8 投洽会"期间在会场设立战略规划展区，并开展规划宣讲；在市图书馆开展面向全市市民的讲座等（图 2-6）。

图 2-6　美丽厦门战略规划宣传活动照片

　　三是强调战略实施的目标考核。发展战略蓝图强调战略谋划和行动计划整体统筹，不仅对城市发展具有宏观引导作用，也突出了战略实施的计划性。如：《美丽厦门战略规划》中明确了十大行动计划、五十项行动工程，同时后续编制三年行动计划及年度实施方案，滚动推进（图 2-7）。又如北京市城市总体规划配套出台了"总体规划实施工作方案"，将总体规划实施落实到具体任务及责任部门。通过"行

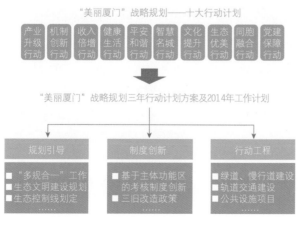

图 2-7　美丽厦门战略规划（2013 版）行动计划及实施框架示意

动计划"或"实施方案",分解落实行动任务,为全市各部门共同实施发展战略蓝图提供指导与路径。同时,统合上位规划或政策的目标指标及地方国民经济和社会发展规划、各部门规划的城市各项发展指标,对应发展战略蓝图提出的战略目标和行动任务,建立一套全市统一的指导城市全局发展和考核评估的指标体系,从而确保发展战略蓝图可实施、可分解、可考核。制定定期考核评估制度,加强战略的有序实施和评估,对进一步优化战略蓝图方案提供信息反馈。

(2)突出发展战略蓝图的空间统筹

一是构建城市理想的空间格局。发展战略蓝图要求对城市自然空间形态和特色进行剖析,梳理山、水、林、田等各自然要素及其与城市的关系,从而构建城市理想的空间格局,并为空间管制确定基本的价值标尺及空间引导(图2-8)。构建城市理想的空间格局重点把握三

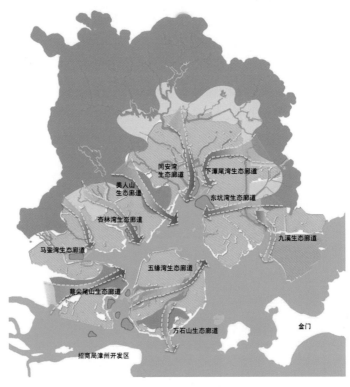

图2-8 厦门市山海通廊格局示意

图片来源:《美丽厦门战略规划》

个要点：第一，落实中央关于生态文明建设的要求，树立"绿水青山就是金山银山"的理念，强调发展与保护的内在统一、相互促进的指导思想；第二，尊重生态系统的整体性、系统性及其内在规律，统筹考虑自然生态各要素，实现"把好山好水好风光融入城市，让城市再现绿水青山"的重要目标；第三，突出城市空间格局的稳定性、延续性，发展战略蓝图确定的城市理想空间格局是城市空间管制与发展引导的基本遵循，具有长期稳定性。

二是通过空间统筹引导城市有序运行。发展战略蓝图突出对全域空间的统筹，将空间统筹作为城市治理的重要路径和抓手，通过空间秩序引导城市经济社会等各方面有序运行。空间统筹可以考虑分层分类开展，从空间尺度上，可以从区域、市域、中心城区（主城区）三个层次，统筹各空间层次中城市发展目标方向、空间发展策略和公共政策导向，各层次都覆盖"五位一体"城市全方位发展的战略和路径；从空间类型上，把握好生产空间、生活空间、生态空间的内在联系，统筹生产、生活、生态三类空间的布局，从战略层面为城市空间管制与功能布局提供指引。

三是通过人居环境改善促进城市进步。发展战略蓝图要体现并落实以"人民为中心"的执政理念，将人居环境改善作为其重要目标和内容。重点可以从三个方面展开研究：第一，强化城乡社区治理，包括如何推进城乡一体统筹、建设完整社区、建立社区自治机制等；第二，健全基本公共服务体系，强调建立覆盖全体市民、市民全生命周期以及公共服务全领域的公共服务体系，建立相应的可落地可考核的指标体系；第三，强调以人为本，突出人性化的设计，构建高效便利的社区生活圈，从战略层面提出基本目标指标和建设要求。

案例：《沈阳振兴发展战略》

《沈阳振兴发展战略》中提出"建设完整社区，激发社会活力"的策略，强调：一是构建安全、友好、舒适的社会基本生活平台。以社区为基本单元，以提高居民生活品质为目的，按照15分钟步行可达范围，完善社区基础设施与公共活动空间，实现"小政府、大社区、大服务"的管理模式，打造设施完备、服务齐全、特色鲜明、环境优美、管理规范、温馨舒适、具有认同感的完整社区。二是构建新型社区治理模式。厘清政府职责与居民自治边界，厘清街道与社区的职责分工，持续推进简政放权，尽可能把资源、服务、管理放到基层；改进公共服务提供方式，推广政府购买服务，健全服务网络，提升服务的质量和效率。建立激励机制，提高社区的活力、凝聚力，加强社区基层民主建设，发扬沈阳老工业基地群众友爱互助、包容共济的社会风尚和集体主义精神。

（3）强调发展战略蓝图的公众参与

一是文本表达增强可读性、可传播性。规划成果要采用图文并茂、文字清晰的表达方式，避免过于专业、晦涩及描述性的表达，图纸的图面要素简明直观。要将发展战略蓝图的重点内容及与市民利益密切相关的内容提炼形成简明的公众读本，通过社区宣讲、展板宣传等方式，使市民了解和认识规划（图2-9）。

二是决策过程体现多元主体参与。发展战略蓝图强调多元主体"全过程"的参与，特别是战略的决策应体现科学、民主的过程，充分尊重不同利益主体的意愿和意见，并经过协调整合后吸纳和融入规划当中。因此要求规划组织者进一步创新方式方法，拓展公众参与的广度和深度。一方面，广泛征集广大市民对规划的意见，可以通过互联网、移动通信、微信公众号、传统媒体等多种媒介开展问卷调查或开放式意见征集，并且认真整理所有意见并及时公开反馈，不仅提升广大市民对规划的参与感，同时达到广泛宣传的作用，增强市民对发展战略蓝图的认识和共识。另一方面，针对一些重大战略或与民众利益密切相关的决策，可以借由镇街、社区为平台，通过专题座谈、市

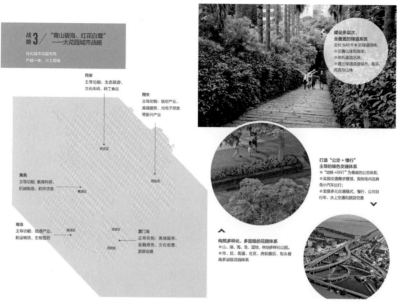

图 2-9 《美丽厦门战略规划》市民手册内页示意

图片来源:《美丽厦门战略规划》市民手册

民论坛等形式,展开深度研讨,注重与市民的共同协商、共同决策
(图 2-10)。

大伦敦战略2008	新加坡概念规划2011	美丽厦门战略规划	上海总体规划2035
□ 全过程的公众参与	□ 生活方式调查	□ 入户手册	□ 战略专题研讨会
□ 公众评议专设环节	□ 公众咨询	□ 多种媒体发布	□ 成立公众咨询团
□ 多种形式意见征询	□ 媒体征求意见	□ 意见整理与吸纳	

图 2-10 国内外各城市开展战略规划公众参与组织方法示意

　　三是实施路径突出共同缔造。共同缔造是以社区为单元,建立
"纵向到底,横向到边,协商共治",实现共建共治共享社区治理格局
的具体行动。既是提升城市治理能力、建设美好人居环境的路径和方
法,更是战略实施的重要手段。其主要思路是:坚持以群众参与为核
心、以培育精神为根本、以奖励优秀为动力、以项目活动为载体、以
分类统筹为手段,发动群众"共谋、共建、共管、共评、共享",并

纳入政府决策、社会建设、社区服务中去，通过提供资源、搭建平台，建立有效的引导和激励机制，实现公共事务的决策共谋、发展共建、建设共管、效果共评、成果共享。通过共同缔造确保市民的知情权、参与权、选择权和监督权，以推动社区公共环境、公共设施、公共服务的全面提升为抓手，切实做到为群众服务、给群众利益，并且凝聚群众共识、培育群众精神。如厦门市通过开展社区规划，帮助基层政府和社区居民开展社区共同缔造活动，同时建立长效性的工作互动机制（图2-11、图2-12）。

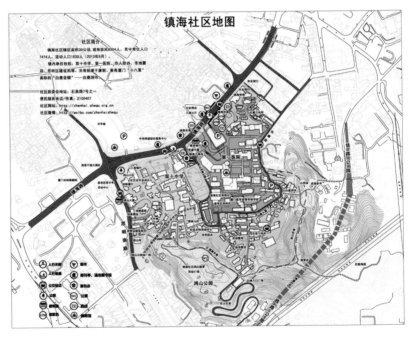

图2-11　绘制社区地图，方便居民日常生活及为到社区范围内办事、就医的市民提供导引服务，同时也方便街道办、社区居委会等管理工作

图片来源：《美丽社区我的家——厦门市思明区镇海社区规划》

图 2-12 "房前屋后"项目策划，主要从改善居住环境出发，提供
增加活动场地、环境景观整治、步行交通改善等社区营造行动指引
图片来源：《美丽社区我的家——厦门市思明区镇海社区规划》

2.3 强化底线管控，划定刚性管控底图

刚性管控底线是协调城市保护与建设、保障城市有序发展的基础，具备多规合一、全域管控等技术特征，是城市管理者落实国家空间治理要求、推动城市转型发展的重要手段。划定刚性管控底线需要做好"双评价"，并通过落实生态底线、谋划发展格局、协调规划矛盾等工作来完成，并构成"一张蓝图"刚性管控底图。

2.3.1 为什么要划定刚性管控底线

高速发展时期，城市建设用地的快速增长带来了巨大的经济效益，但大规模建设导致的无序扩张，使得我国的土地、水、能源等资源约束趋紧，生态环境的承载能力愈发脆弱。

因此，必须转变过去粗放的发展方式，重视"山、水、林、田、湖、草"作为城乡发展的基础支撑作用，正确处理保护生态环境和促进建设发展的关系。在城市生态环境与自然资源的承载能力基础上，通过划定城市的发展刚性管控底图，明确生态空间、守住城市生态本底，确定农业空间、守护国家粮食安全，明确城镇空间、推动高质量发展。

2.3.2 刚性管控底图的内涵与特征

（1）刚性管控底线构成城市保护与建设的控制线底图

刚性管控底线是在一定时期内，落实国家战略和空间资源保护要求，对一定行政地域空间的开发和保护划定的空间管制边界，构成空间开发与保护的共同底图，称为刚性管控底图。"三区三线"[1] 是刚性管控底图的主要载体。在"三区三线"基础上，各地可根据资源特征和管控需要，探索划定历史文化保护控制线、产业区块控制线、基础设施廊道等其他"点状""线状"的空间要素控制线。

（2）刚性管控底图具备"多规合一"、覆盖全域等基本特征

① "多规合一"的管控共识

各部门规划的管制分区不同、管控边界冲突，导致空间管控难以达成共识。刚性管控底图并非某个单一部门的管控图，而是围绕保护和开发需要，由县以上政府组织，统合多部门规划的管制分区，进行"多规合一"形成的统一管控体系，在贯彻国家部署和上级规划空间管制要求、统一城市空间发展意图等方面达成共识。

②覆盖全域的空间管控

各部门对于城乡空间的管控往往相互割裂，乡村地区空间管理缺失，非建设用地内管控交叠冲突等问题突出。因此，要统筹各部门分头编制的各类空间性规划，深化对全域国土空间、全类型要素的管控。厦门划定了覆盖全域的生态控制线和城市开发边界，在边界内又

1 即城镇空间、农业空间、生态空间，生态保护红线、永久基本农田、城镇开发边界。

进一步细化生态、生产和生活空间要素布局，达成对全域空间要素的管控（图2-13）。

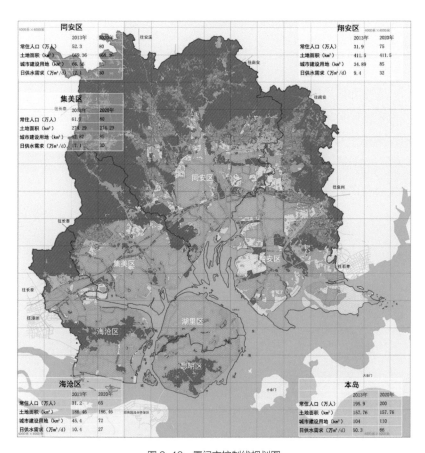

图2-13　厦门市控制线规划图

图片来源：《厦门市"三规合一"一张图规划》

③划分等级的分级管理

刚性管控底图要适应空间保护与开发需要，分级划定、分级管理。"三区三线"是第一层面，主要明确开发与保护的方向与原则。其他管控线则根据功能定位和重要程度，制定差异化的空间管控规则。浙江开化县形成由三类空间、六类分区和土地用途构成的三级综合空间管控底图。

④刚性管控的规模控制

规模控制是刚性管控的重要手段。刚性管控底图需要通过规模的控制强化约束作用，保障生态空间、控制开发建设。如厦门通过特区立法强调要保障 981km² 的生态控制线规模，控制 640km² 的城市开发边界规模。

⑤空间格局的落地定线

刚性管控底图是城市保护和开发的底盘，必须将城市发展的空间格局落地定线。厦门为保护"山、海、城"相融的城市空间格局，以"十大山海廊道"为基底形成生态控制线，以"一岛一带多中心"城市发展格局为指引形成城市开发边界（图2-14）。

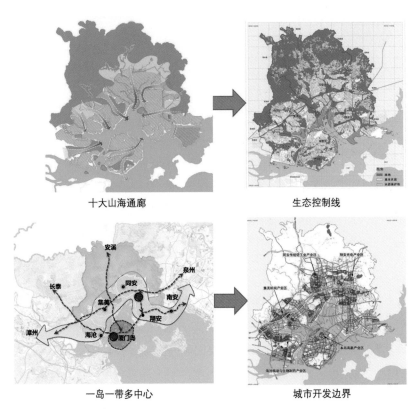

十大山海通廊　　　　　　　　　　　　生态控制线

一岛一带多中心　　　　　　　　　　　城市开发边界

图2-14　厦门城市格局到刚性管控的落图示意
图片来源：《美丽厦门战略规划》《厦门市"多规合一"一张图规划》

空间格局控制线与刚性的规模控制量都需要有限度的灵活调整。划出完全刚性的边界，明确规模调整限度，使刚性管控底图保留适当弹性。例如，波特兰从 1979 年划定城市增长边界以来，除了经历过三次较大的划定方法的变革，增长边界每年都在变化。[1]

1 波特兰增长边界的调整
 主要有三种方法，一是
 每 6 年一次的评估调整，
 二是针对较大的公益性
 用地需求的扩容调整，
 三是一些细微调整，比
 如为了公共设施提供交
 通支撑。

2.3.3 刚性底线管控的作用

（1）贯彻国家空间治理要求，落实生态文明体制改革

一是解决生态文明建设落地问题。城市空间是生态文明战略落地的重要载体，城市政府是落实生态文明建设的责任主体。城市管理者站在区域协调发展和城乡统筹发展的高度，立足于统筹处理人与自然的关系、经济发展同生态环境保护的关系，贯彻绿色发展理念划定刚性管控底图。

二是维护国家生态安全与粮食安全。一方面，生态环境保护需要摆在更加突出的位置，在充分认识生态系统特征与演化规律的基础上划定生态底线，明确城市的安全保护空间。另一方面，将最优质、生产能力最好的耕地通过永久基本农田划定落到实地地块，并明确保护责任、实现精准落图。通过保护基本农田，保护国家粮食生产的潜力，是保障国家粮食安全的重要手段。

（2）倒逼城市转型发展，提升空间发展质量

一是摸清自然资源底数。通过划定刚性管控底图，可以摸清城市的基本底数，提升城市发展的资源环境承载能力和环境容量。

二是推动城市建设从增量扩张向质量提升转变。通过刚性管控底图促进城市从外延式向内涵式发展，倒逼城市优化用地结构和空间格局，建设高效发展、宜居宜业的城市。

三是协调规划冲突，优化空间格局。通过划定刚性管控底图，可

以协调规划矛盾，明确城市建设与保护的空间，达成多部门的管控共识，优化形成城市统一空间的规划格局。

2.3.4 刚性底线管控划定的关键要点

（1）做好"双评价"，[1] 布好底线管控棋盘

1 "双评价"即国土空间开发适宜性评价和国土资源环境承载能力评价。

国土空间开发适宜性评价是综合考虑自然生态与环境条件、资源潜力与利用程度、经济效益与开发需求，对该地区的工业化、城镇化发展潜力的评价。

国土资源环境承载能力评价是在一定的时期和一定的区域范围内，综合考虑生态、资源、环境等承载要素，对该地区能可持续地承受人类各种社会经济活动能力的评价。

要遵循"先布棋盘，后落棋子"的方略，划定刚性管控底图就是布"棋盘"。在开展资源环境承载能力和国土空间开发适宜性"双评价"的基础上，首先划定生态保护红线和生态空间。其次考虑农业生产和农村生活相结合，划定永久基本农田和农业空间。最后从严划定城镇开发边界、管控城镇空间。在这个"棋盘"上，将各部门空间管控核心要素像"棋子"一样依序落入"棋盘"。"双评价"是布好"棋盘"的基础，落好"棋子"的保障。宁夏回族自治区省级空间规划试点工作就是先行开展"双评价"工作，作为"三区三线"的前提基础。

（2）整合空间要素，强化生态底线控制

一是树立对生态系统进行结构性控制的底线思维。从区域统筹、严格保护、合理利用的角度出发，强调区域景观生态格局的连续完整，将保证生态安全、发挥生态功能的集中连片和相对独立的生态用地划入生态空间和生态保护红线，构建城市生态安全格局。

二是因地制宜地确定划入原则，管住城市重要的生态空间。生态空间首先应包括国家级和省级禁止开发区域（如国家公园、自然保护区等），结合实际将有必要实施严格保护的用地划入（如重要湿地、自然岸线等）。其次要保持生态的系统性。

三是做好划定过程中省—市—县"上下左右"的协调对接。省、市、县要在划定过程中做好联动协调工作。

（3）突出战略引领，提升发展质量

①落实发展战略蓝图，强化城市主导功能和空间格局

发展战略蓝图提出的愿景目标、理想格局是示意性和战略性的，需要通过刚性管控底图落实到空间坐标和量化指标。如赣州市中心城区通过开展五大功能区战略规划，明确五个区的功能定位、协作框架，形成中心城区的城市空间发展架构；在划定城镇空间与开发边界时，充分考量各区的战略发展导向、产业发展重点、基础设施统筹、公共服务设施均衡等（图2-15、图2-16）。

图2-15　赣州市中心城区
五区功能协作关系示意图

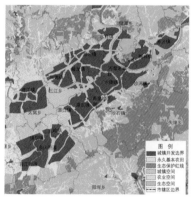

图2-16　赣州市中心城区
城镇空间与城市开发边界

图片来源：《赣州中心城区五大功能区战略规划》　图片来源：《赣州市中心城区空间规划》(在编)

②明确空间发展的规模，推动城市精明增长

一是科学预测城市发展规模，推动集约节约发展。应根据"双评价"结果，结合发展愿景目标，兼顾"底线"思维和"正向"引导，考虑种种不确定因素、预留弹性空间后划定城镇空间与城镇开发边界，进行建设用地开发总量与开发强度控制。

二是严格城镇空间与开发边界的调整程序。城镇空间和城市开发边界在较长的一段时间内都应该是相对稳定的，须刚性限制城镇开发

的范围线，划定后原则上不得调整。根据实际情况确需修改的要从严审查，经过专家论证，并履行严格的审批程序。应当注意，边界的调整原则上不突破规划期内既定的建设用地规模，实行"增减挂钩"。

③空间布局与建设项目安排结合，保障发展空间

在划定刚性管控底图的过程中，通过建设项目与空间规划的互动调整，推动建设项目切实落地，保障重点建设项目具备实施条件。在"多规合一"过程中，建立建设项目的优选机制和流程，选择符合城市建设与发展的各项建设项目，并按照社会事业项目＞基础设施项目＞城市建设项目＞土地储备项目＞服务业项目＞工业项目的优先顺序进行项目落实，形成建设项目库，各责任部门协同管理。

（4）协调规划矛盾，保障刚性管控精确落图

①建立规划矛盾的协调工作机制

首先建立逐级协调的工作机制，提高矛盾处理的工作效率。要结合技术与行政，建立高效有序的工作组织机制，来完成消解矛盾的巨大工作量。在技术层面成立编制工作组，通过 GIS、RS 等信息化手段开展差异图斑的技术性协调；结合行政，从镇（街）、县（区）再到市级，逐级协调非技术性的矛盾，明确产生原因，确定处理要求，在较低行政层面无法达成共识并解决的矛盾，交由上一行政层级协调，直到矛盾最终解决。厦门成立了"多规合一"工作领导小组、领导小组办公室和专责小组，逐级进行矛盾的协调处理（图 2-17）。

其次技术性误差的处理由具体部门牵头协调解决。由于不同规划对用地认定标准的不同，以及由于技术原因（如建设用地边界差异、河流水系控制范围的不同）产生的误差，可以通过制定差异处理的原则，由具体部门牵头进行协调。厦门在协调城乡规划和土地规划矛盾的过程中，就明确了由于各种原因产生的技术性误差，并相应制定了差异处理的原则（表 2-1）。

图 2-17　厦门"多规合一"协调工作组织架构

厦门"多规合一"差异处理的原则和措施一览表　　表 2-1

字段名称	序号	差异原因		处理建议
城规为建设用地、土规为非建设用地面积（城规超土规）	1	城市公园及防护绿地的认定不同		原则纳入非建设用地
	2	位于土规有条件建设区		原则保留有条件建设区
	3	城规预留控制用地（包括重点片区、道路网、市政设施等）		原则按城规落实
	4	单位内部连片附属绿地	军事用地	原则按土规落实
			体育用地、办公用地等	原则按建设用地处理
	5	海岸线范围的不同		原则按海洋局岸线规划落实
	6	河流水系、地块范围等边界的不同		原则按城规落实
	7	其他差异		原则根据实际情况落实
土规为建设用地、城规为非建设用地面积（土规超城规）	1	空间布局规划未覆盖的区域（村庄、其他零星区域）		原则按土规落实，除美丽乡村外
	2	交通、水利、风景旅游及特殊用地等		原则按土规落实
	3	河流水系控制范围的不同		原则按城规落实

续表

字段名称	序号	差异原因	处理建议
土规为建设用地、城规为非建设用地面积（土规超城规）	4	城规控制为生态用地	原则按城规落实
	5	边界差异（护坡、边坡地、微小误差等）	原则按城规落实
	6	海岸线范围的不同	原则按海洋局岸线规划落实
	7	其他差异	原则根据实际情况落实

最后识别由于发展理念不同产生的规划差异交由城市政府决策。有些规划的矛盾是难以通过技术协调的，例如，是否需要在城市建成区内安排基本农田，生态廊道内的建设用地是否应该清退。这些矛盾需要城市管理者从历史发展的长远视野进行决策。以厦门大屏山酒店用地为例，在"多规合一"前，该项目用地在城乡规划和土地规划中均为建设用地，规划建设一座星级酒店，但是该用地与生态控制线存在矛盾，经过多轮协调后酒店项目被取消，按照生态控制区落实用地。如今，此处已经建成为大屏山公园，背山望海，成为市民休闲健身的好去处。

②突出解决建设用地规划矛盾

在刚性管控底图划定的具体工作过程中，需要逐一协调各类规划长期积存的数以万计的差异图斑，保证用地唯一属性，推动刚性管控精确落图。

首先对接建设用地的矛盾。城乡规划和土地利用总体规划是建设用地管理最重要的两项规划，首先需要对这二者的建设用地差异进行处理，形成两规合一的建设用地。厦门在处理规划矛盾的过程中，首先衔接城乡规划和土地利用总体规划的用地分类标准，找出了两规之间的 12.4 万个差异图斑，通过对差异的比对分析与逐一处理，厦门市最终整合并腾出 55km^2 用地指标（图 2-18）。

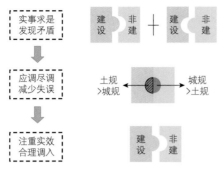

图 2-18　厦门城规与土规差异处理示意图

其次梳理生态边界内建设用地。在建设用地矛盾基本消解的基础上，对基本划定的生态保护空间内的建设用地进行处理，实现生态保护空间的精确落图。这项工作需要结合第三次全国土地调查展开，[1]对生态空间资源进行摸底，统一非建设用地现状数据，形成非建设用地一张图。

最后梳理存量土地资源。利用协调规划矛盾的契机梳理存量土地资源，并将用地指标优先安排给重要的基础设施和民生项目，促进土地合理高效利用。厦门"多规合一"过程中就对 111km^2 现状存量建设用地进行深入分析，并分类提出处理措施。

2.4　提升城市整体性，完善要素系统配置图

要素系统配置图是为加强城市整体性，以统筹专项规划为方法，以促进部门空间协同，按照全域空间覆盖、事权对应和要素体系化的原则，对需要政府管控的空间性规划要素进行"补漏、补短、补深度"，整合形成"共编、共管、共享"的一套图。

1　根据《第三次全国土地调查总体方案》，"三调"需要完成土地利用现状调查、土地权属调查、专项用地调查评价三项调查，推进数据库与共享建设，健全监测更新机制。

2.4.1　为什么要完善要素系统配置

当前我国许多城市普遍存在着专项规划缺位、专项规划空间属性缺失、专项规划系统不强等情况。空间规划的协同失控导致城市的整体性被肢解，进而造成城市土地资源浪费、空间管控不足、审批效率低下等一系列问题。

为了促进城市公共资源的系统调配，提高城市管理的效率，应重视专项规划的统筹协调工作。统筹专项规划是以要素系统配置为抓手，遵循要素完整性、体系完整性、空间协同性及要素公益性的原则，从专项规划体系梳理、分领域逐层开展及加强平台运行等方面入手，对事关城市发展的各类公益性要素进行深入研究和周密部署。

2.4.2　要素系统配置图的构造及特征

（1）要素系统配置图的体系构造

要素系统配置图应综合空间属性和治理维度进行细分。从空间治理的视角，可将城市要素系统分为"生态""功能""安全"三大子系统。三大子系统之间是相互联系的。"城市生态要素系统"是"城市功能要素系统"的生态支撑，"城市安全要素系统"保障"城市功能要素系统"的发展，"城市功能要素系统"的发展又带动"城市生态要素系统""城市安全要素系统"。

要素系统配置图由相互联系、相当数量的"要素规划"组合而成。由于国土空间具有"区域"和"要素"的双重特性，基于子系统的区域发展目标下，各要素都不可能孤立存在，要素与要素之间总是在不断地进行着物质、能量、人员、信息等元素的交换和相互作用。正是这种相互作用，促使区域内彼此分离的城市结合为具有特定结构和功能的有机整体。

要素系统配置图的基本要素构成详见表 2-2。

城市系统规划要素构成一览表　　表 2-2

序号	分类	主导功能	空间管控要素
1	城市生态要素系统规划	基础性生态功能	林地、湿地、草地、海洋等
		保全性生态功能	冰川、永久积雪、盐碱地等
		生产性生态功能	耕地、生产绿地等
		生活性生态功能	公园绿地、附属绿地、防护绿地等
		其他	村庄等
2	城市功能要素系统规划	居住功能	文化、教育、体育、医疗卫生、养老、保障性住房等
		游憩功能	全域旅游、商业服务业等
		生产功能	产业园区等
		交通功能	公共交通、轨道交通、干道交通、城市步行和自行车交通系统、城市停车设施、城市水上旅游设施等
		其他	历史风貌保护等
3	城市安全要素系统规划	对外交通运输功能	铁路、航空、公路、港口等
		通信信息功能	邮政设施、通信基础设施等
		能源动力功能	供电、供热、供气等生产、输配和供应设施
		给水排水功能	给水、排水、取水、输水、净水、再生水设施等
		城市防灾功能	防火（消防）、防洪、防风、防沙、防地震、排渍、防地面沉降、防滑坡和泥石流、防雪，以及人民防空设施等
		环境保护功能	城市的园林、绿地、工业废弃物和各种垃圾的无害化处理设施，环境卫生和环境监测设施，以及生态改善工程等

（2）要素系统配置图的主要特征

①要素的空间全覆盖

1　王岳、彭瑶玲、曹春霞
等：《重庆"多规协同"
空间规划编制体系实
践》，《规划师》2017年
第12期。

城市生态、安全、功能系统的各项要素是完整的整体。要素系统配置图需要切实打破城乡二元规划格局，坚持涵盖城市与农村、建设用地与非建设用地，统筹城乡人口、产业、配套资源布局和生产、生活、生态空间布局，强化专项规划的"补短板、补缺漏、补深度"，保证"无盲区、无死角、无重叠"的要素全覆盖，实现全域空间资源都有规划管控、所有建设项目都有规划遵循的目标。[1]

②要素的空间体系化

要素系统配置图着眼于部门事权对应，但不局限于部门事权。系统"要素规划"较传统"专项规划"的最大区别是强化系统思维。规划编制当中，既要突出部门要素的专业性，也要兼顾要素的空间系统性。例如，环卫设施专项规划一般只论证生活垃圾的设施规模需求及运行方案，但是基于系统规划思维，进一步将规划对象扩展到工业垃圾、医疗垃圾等各种垃圾，滨海城市的运输方式还应从陆上运输扩展到海陆统筹。再比如教育设施专项规划的规划对象要从义务教育领域扩展到大中专教育、成人教育等范畴。

基于要素的空间体系化理念，在城市建设用地趋于紧张的形势下，可以考虑多功能复合设置的共享理念，即同一地块内赋予多种兼容性的公共服务设施功能。例如，厦门市2017年开展了《厦门市公园体育设施配置规划指引》研究工作，在市政府的指导下，由规划委联合市政园林局、体育局等部门，联手社区征求市民意见，对体育设施进公园的建设标准进行研究。一方面提高了土地利用效率，另一方面也是缓解城市部分公共服务设施配给不足的有效手段，真正服务于民。

③要素的部门协同性

要素系统配置图作为微观层面地块管理的重要依据，需要明确具体项目的空间信息，因此专项规划必须强调部门协同性。通过统一专项规划编制的技术标准，明确专项规划协调主体，制定专项规划协调机制，形成共编、共管、共享的部门协同机制。正视各专项规划从目标、指标到用地布局等各层面的多规打架问题，从源头上厘清各类专项规划产生矛盾的原因，深入寻找实现相关部门利益协调的手段。

④要素的公益性

要素系统配置图是政府公共管理职能的重要体现，以公益性的设施和用地为规划对象，以全体人民为服务对象，以谋求社会效益最大化为根本目的。新时期，城市要素系统配置要全面满足"人民日益增长的美好生活需要"。十九大报告明确提出，人民的需要不再仅局限于物质文化方面，在民主、法治、公平、正义、安全、环境等方面的要求也日益增长。比如期盼更好的教育、更稳定的工作、更满意的收入、更可靠的社会保障、更高水平的医疗卫生服务、更舒适的居住条件、更优美的环境、更丰富的精神文化生活等。

2.4.3 制定要素系统配置图的关键要点

（1）因地制宜，做好专项规划体系梳理

要素系统配置图的制定，以"系统梳理、系统比对、系统编制"为工作方法，做好专项规划体系梳理工作。其中"系统梳理"环节强调要素体系的完整性，在管控底图的基础上，细化管控要素构成；"系统比对"环节侧重空间落实，细化各管控要素空间布局；"系统编制"环节按照"补短板、补缺漏、补深度"的要求，制定规划编制计划。

案例：厦门市专项规划体系梳理

厦门市自 2015 年底，在"多规合一"工作基础之上，以"系统梳理、系统比对、系统编制"为工作方法，开展专项规划体系梳理工作。主要包含以下内容：一是收集各层级专项规划及相关规划约 100 多项。基于"生态控制线规划、城市开发边界控制规划、海域系统规划及全域城市承载力规划" 4 个板块进一步细化为 8 个系统，分别是生态区系统、公共服务与公共管理系统、

海域系统、交通系统、水系统、能源系统、城市安全系统及其他设施系统。统计分析专项规划和单元规划的部门及空间覆盖情况。二是按照 4 个板块、8大系统、43 类（共计 103 小项）的体系架构，对专项规划逐一进行分析与比对，评估各类专项规划的有效性，特别是各专项规划要素的完整性，以及对于空间协同管理上的适应性。初步找出现有专项规划存在的空间和时序等冲突，以及在技术标准和政策方面的矛盾。三是基于问题和目标双导向，按照"补短板、补缺漏、补深度"的要求，与相关主管部门协商沟通，制定形成近三年的规划编制计划，提出下一步专项编制需要深化的内容（图 2-19）。

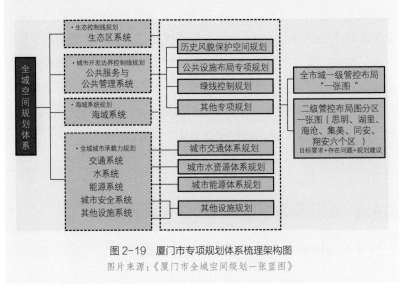

图 2-19　厦门市专项规划体系梳理架构图
图片来源：《厦门市全域空间规划一张蓝图》

（2）分领域逐层深入，重视补足短板

要素系统配置图的制定不能局限于要素外部的体系梳理，还要特别重视要素内部的深化研究。尤其是技术性、复杂性程度较高的市政、交通、安全等城市承载力板块。例如，厦门市通过专项规划体系梳理工作形成的规划编制计划中，明确提出开展城市交通体系规划、城市水资源体系规划及城市能源体系规划。这一系列规划强调了要素的战略统领地位和可操作性。以水资源体系规划为例，规划内容全面，统筹考虑了水源工程、给水工程、污水再生水工程和排水防涝工程等设施；规划架构完整，上至顶层设计、下至实施计划，具体涵盖以《厦门市水资源战略规划》为主的战略层面规划，以《厦门市给水专项规划》《厦门市再生水开发利用规划》等为主的市级层面专项规

划，以《厦门市本岛给水专项规划》《厦门市翔安区给水专项规划》等
为主的区级层面专项规划，以《厦门市水资源安全保障近期重点行动
计划》《厦门市各区市政建设年度规划》等为主的实施计划（图2-20）。

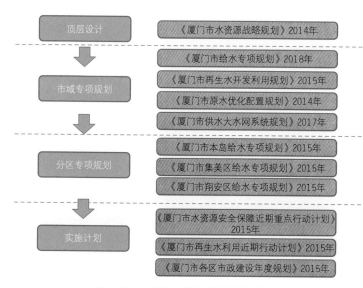

图 2-20　厦门市水资源系列规划体系图

2.5 提升人居环境品质，构建公共空间系统图

公共空间建设的主要目标，是提升城市品质、激发街区活力。关
注空间建设的全生命周期，注重以空间为载体的部门协同和公众参
与，旨在建设友善舒适的公共空间，满足不同人群的使用需求，提高
人民幸福感；同时促进空间集约使用，提高社会治理水平。

2.5.1 什么是公共空间系统图

公共空间系统图，是指为提升城市空间环境品质和活力，促进城

市功能和人的活动的有机联系，对组成城市公共空间的要素进行系统统
筹，对城市公共空间进行规划建设管理，并提出运行要求和运行规则。

（1）以构成公共空间的公共性要素作为主要对象

公共空间，即提供城市居民日常生活、社会生活和公共活动的室外
空间。构成公共空间的公共性要素主要包括城市建筑、街道、广场、居
住区户外场地、公园、体育场地等，也包括照明设备、消防设备、配电
设施、交通信号设施、指示标志等公共设施。这些公共要素对城市公共
空间整体品质具有决定性影响，是公共空间建设的主要对象。

（2）以人的活动为核心关注于公共空间的系统性、集约性

城市公共空间系统与自然山水联系紧密，是人与自然联系的通
道，也是城市生态系统与城市功能相联系的纽带。依托城市生态空间
格局，构建城市景观系统、绿道系统、公园系统等开放空间系统，加
强城市空间的整体性。

落实绿色发展的理念，增强城市空间的集约性。通过公共空间营
造可优化城市空间布局，立体开发，实现土地集约与可持续发展。

城市公共空间营造的根本目标在于对人的服务。充分考虑公共空
间如何满足使用者的行为特征和活动体验需求，营造高品质、多样化
的共享空间及设施供给，有助于增强城市活力。

2.5.2　为什么要建构公共空间系统图

（1）公共空间是城市人居环境建设的主要抓手

公共空间系统连接城市与自然山水系统，展示和体现城市空间特
色。在宏观层面上，城市公共空间体系侧重于建立与自然环境、人文
景观、历史文脉的连接，突显城市山水景观格局和差异特色，成为人
们体验感知城市的重要元素（图2-21）。

图 2-21　鹭海春晓图描绘了山海画境的构成要素，表现了
"山、海、湾、岛、城" 彼此之间丰富的空间交融
图片来源："美丽厦门" 当代美术作品晋京展

公共空间系统连接城市功能活动，是重大公共活动等事件、城市公共生活的载体。公共空间系统是居民进行公共交往、举行各种活动的开放性场所。良好的户外环境激发大量良性社会性活动，它们的共同作用使城市的公共空间变得充满活力、富有生气。营造友善舒适的公共空间，不仅有利于城市品质的提升，更有益于和谐社会的创建。

公共空间系统作为城市公共物品，体现城市公共服务和管理水平，由全体市民共享。完善的城市公共空间体系，包括由公共机构提供的、供所有社会成员共享的城市 "公有公共空间"，如城市广场、城市街道；同时包括由私人开发，并向公众协议开放的 "私有公共空间"，如建筑的室外广场和内部庭院、购物中心的公共活动场地等。"私有公共空间" 在城市中承担了越来越重要的作用，有利于发挥公众参与的作用，[1] 但其管理上涉及公共空间所有权的多元化、管理权的多元化以及使用权的诸多限制，须通过城市规划制度和相关法规、政策的建设来规范。

作为组成城市的有机体，公共空间亦有其生长成熟乃至衰颓的生命过程。公共空间建设，不仅需关注其设计建设，更要关注其全生命周期的运营维护，使之健康发展，为城市提供持续正向影响。公共空间的全生命周期，既包括公共空间的规划设计前期、建造，也包括公共空间投入使用期间的运行维护，以及不再满足使用要求之后的更新改造与生态修复。公共空间的全生命周期发展运营状况，是城市公共

1　林强威：《浅谈城市私有公共空间》，《城市建设理论研究》2013 年第 39 期。

服务和城市管理水平的直接体现。

公共空间系统体现现代文明和城市文化。公共空间针对不同人群，特别是对弱势群体的设计考量，往往是城市文明程度的体现。在公共空间营造中，通过甄别各类不同人群的使用需求，细化空间建设要求，或对现有公共空间及服务进行系统性改善，并进行持续性投入，打造如适老化空间、儿童友好空间等更具人性化的公共空间。

（2）公共空间系统图是统筹城市规划建设管理的有力工具

公共空间系统图是统筹要素配置、统筹地上地下、统筹各部门工作的载体。公共空间要素涉及多个部门的责权范围，如缺少强力统筹和多方协同，难以实现精细化管理的要求；没有合理回应公众诉求的公共空间，也难以满足居民的实际需求。公共空间系统营造图明确公共空间营造的基本设计要求，使城市建设的各方利益主体有了统一的要素及目标，并通过统筹协调各类公共空间要素，促进相关部门以及使用者的通力合作，对规划、设计、建设与管理进行协作配合，搭建共创平台，建立健全共建共治共享机制。[1]

通过公共空间系统图统筹公共空间管理，提升城市治理水平。公共空间图不仅体现于城市建设，也应用于城市管理。新型城市管理与治理是融物质空间形态和社会生活空间行为状态、经济活动的空间业态等于一体的综合管理与治理，需要在空间规划、建设、管理高度统筹的模式下推进和建立起新的城市综合管理模式。[2]城市治理的基本思路包括以下三个方面的内容：一是空间分区引导：对城市空间按照不同的功能属性与使用强度进行划分，并对其内部的空间行为活动进行差异化的引导与管控；二是行为分类引导：针对某些对公共活动空间影响较大的空间行为，提出特定的空间使用原则与规则；三是活动分时引导：在共性原则的基础上，充分考虑不同场地的个性差异，对具体的空间场景进行有针对性的空间设计与空间引导，改善空间使用质量。[3]

1 葛岩、唐雯：《城市街道设计导则的编制探索——以〈上海市街道设计导则〉为例》，《上海城市规划》2017年第2期。

2 王兴平：《浅谈面向城市管理与治理的城市规划变革》，《城市治理》2016年第3期。

3 许闻博：《面向城市空间治理的规划方法探索——基于公共活动空间的研究》，东南大学硕士学位论文，2018年。

案例：台北夜市——应用于城市管理的公共空间营造

夜市，是中国台湾民众生活特色之一，也是魅力所在，夜市管理问题一直备受重视。台北对于摊贩管理遵循着以下原则：承认它们是城市的一部分，容许它们的存在，但不放任自流，而是划定区域、摊位、经营范围，予以保护和管理。[1]夜市街道于傍晚时分开始经营，第二天上午，又为车辆正常穿梭留出空间。

1 章楠：《S 市城区街头摊贩设摊治理研究——以 P 区 CS 街道为例》，上海师范大学硕士学位论文，2014 年。

在城市节庆或城市重大事件中，公共空间系统图为城市各部门的管理提供技术指导。厦门马拉松赛事中，公共空间系统图提供比赛赛程选线、赛时交通组织方案和赛场管理建议（图 2-22）。

图 2-22　2017 厦门（海沧）国际半程马拉松赛路线图

图片来源：《2017 厦门（海沧）国际半程马拉松赛赛事期间交通组织》

日常城市管理中，城市交通的组织，或者公共设施和城市家具的整合，也需要公共空间系统图作为导引。统合道路杆件及相关设施的集约化建设，是构建和谐有序街道空间的重要措施。按照"多杆合一、多箱合一、多头合一"的要求，对各类杆件、机箱、配套管线、电力和监控设施等进行集约化设置，以解决道路杆件林立、架空线杂乱等问题，强化部门协同的城市精细化管理（图2-23）。

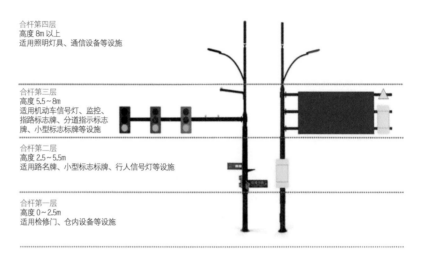

合杆第四层
高度8m以上
适用照明灯具、通信设备等设施

合杆第三层
高度5.5~8m
适用机动车信号灯、监控、指路标志牌、分道指示标志牌、小型标志标牌等设施

合杆第二层
高度2.5~5.5m
适用路名牌、小型标志标牌、行人信号灯等设施

合杆第一层
高度0~2.5m
适用检修门、仓内设备等设施

图 2-23 杆件高度分层设计示意图
图片来源：《上海市道路合杆整治技术导则》

2.5.3 不同类型公共空间系统图的构建方法

（1）城市整体空间系统的建设

根据城市山水格局和资源禀赋条件，构建城市宏观公共空间系统和开放空间体系，强化城市总体空间格局和特色，制定公共空间建设框架。

（2）特定类型公共空间的建设

针对特定类型的公共空间（如城市广场、城市街道等），编制专项公共空间系统图，以统筹具体建设实施。

街道，是城市最基本的公共产品，是城市居民关系最密切的公共空间，也是城市历史、文化的重要空间载体。[1] 城市道路、附属设

1 葛岩、唐雯：《城市街道设计导则的编制探索——以〈上海市街道设计导则〉为例》，《上海城市规划》2017年第2期。

施和沿线建筑等诸元素构成了完整的街道空间。一条理想的街道，不仅仅是供车辆、行人通行的基础设施，还应该有助于人们的交往与互动，能够寄托人们对城市的情感和印象，有助于增强城市魅力和激发经济活力。[1]关注于街道空间内与人的活动相关的要素，编制专项导则，提出街道空间管控要求和整体空间环境设计指引，促进街道与街区的融合发展（图2-24、图2-25）。

1 张琦：《小街区规制下
生活性街道共享设计研
究——以成都小街区为
例》，西南交通大学硕士
学位论文，2018年。

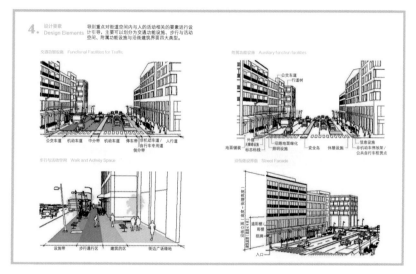

图2-24　街道设计要素示意图
图片来源：《上海市街道设计导则》

图2-25　街道空间分区示意图
图片来源：华高莱斯《新经济下，城乡空间规划新思维》

（3）城市重大活动的公共空间建设

在城市重大事件整治指引和大型活动中，公共空间系统营造图可形成量化通则，直接纳入规划管理，作为专项整治指引。例如，为确保以良好的环境面貌迎接 G20 峰会的召开，作为会议筹备的一部分，杭州市先后开展了道路整治、背街小巷整治、户外广告牌整治以及建筑工地整治等一系列空间营造活动。城市重大活动的公共空间系统营造图不仅关注物质环境改善，更着力于健全治理制度，并落实监管措施，形成长效机制。

2.6 实施精细管理，形成审批管理一张图

审批管理一张图是规划审批管理的依据，是各类规划信息的有效集成。构建审批管理一张图目的是实现信息共享和业务协同，提高审批工作效率；更好地推动公众参与规划，保障规划的公共属性。

2.6.1 什么是审批管理一张图

（1）为什么要做审批管理一张图

我国规划种类繁多、成果各异、深度不一，甚至相互打架。在规划管理中，同一地块的审批往往要查看很多规划图，反复核对，严重影响了规划审批工作效率。为统一规划审批标准和依据，简化工作环节，实现精细化管理，更好地提高工作效率，各地都尝试构建审批管理一张图。

（2）什么是审批管理一张图

审批管理一张图是利用信息化手段，以战略规划为底图，整合总体规划、专项规划、详细规划等各类规划图纸，消除矛盾图斑后形成的"多规合一"一张图（图 2-26）。

图 2-26 厦门市规划一张图管理信息系统

图片来源：厦门市规划委

审批管理一张图的内容不是简单地把各类规划叠加，而是突出规划的强制性内容，突出服务审批工作需要，将各层图的有效指标、设施等信息提炼集成（图 2-27）。其内容包括：

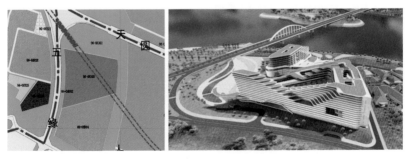

图 2-27 厦门某地块规划图则

图片来源：厦门市规划委

61

其一，明确各地块的位置、使用性质、开发强度等规划设计条件，指导地块开发建设。

其二，对整体风貌、建筑体量、建筑高度、建筑色彩、交通组织、景观廊道等提出城市设计要求，保护自然与文化资源，加强城市公共开敞空间和景观风貌特色控制和引导。

案例：深圳市规划审批管理一张图

深圳市建立了以法定图则为核心的规划"一张图"编制体系及规划管理制度。一张图的应用，实现了多头规划向唯一依据转变，实现了规划编制管理全流程的应用。

一张图包括三层一库（图2-28），即核心层、管理层、基础层和规划成果库。①核心层：包括法定图则、空间控制等规划信息。法定图则主要包括法定文件和图表，重点是规划土地用途、开发强度及其他控制要求。空间控制包括全市层面的各类控制线规划和局部地区城市设计、详细蓝图空间控制总图。②管理层：包括规划编制动态、规划审批、规划调整和规划整合等管理信息。规划编制动态信息主要指法定图则、城市更新专项规划、城市设计、详细蓝图、交通市政规划等各类规划的编制动态；规划调整信息指规划审批

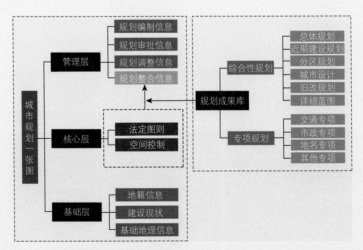

图 2-28　深圳"一张图"构成框架

图片来源：刘全波、刘晓明：《深圳城市规划"一张图"的探索与实践》，《城市规划》2011年第6期

过程中涉及的对已批规划的调整信息以及在编规划范围内的最新规划审批信息。③基础层：包括地籍、建设现状和基础地理等现状信息。④规划成果库：包括综合性规划、专项规划等规划成果信息。

2.6.2 审批管理一张图的作用

（1）解决规划打架问题，维护规划的权威性

审批管理一张图以战略规划确定的空间格局为基础，以城市系统规划为支撑，统筹各类规划，保障各层次、各部门规划的协调统一。通过一张图的构建，统筹各类规划，保障地块属性的唯一性、法定性，解决"规划打架、各说各话"的问题，以及规划管理者面对众多规划难以把握审批依据的问题，促进规划管理工作规范化。

（2）实现部门业务协同，提高审批工作效率

依托审批管理一张图和信息平台，各部门协同作业，信息共享，审批联动，有效解决以往各部门信息不对等、互相推诿扯皮的问题。各部门以一张图作为审批依据，审批结果实时反映到一张图上，能够及时、准确地了解规划变化，并通过评估检讨机制，定期对规划进行修订和纠偏。一张图作为规划编制与实施的中间环节，有效解决了规划编制与实施的脱节，有助于规划编制与实施的高效衔接和良性循环，提高了工作效率。

（3）便于公众参与规划，保障规划公共属性

一张图建立后，全市各地块规划信息集中反映在一张图上，明确用地性质、容积率、建设强度、绿地率等指标信息，加之以影像图、三维模拟等技术辅助，公众能够一目了然看懂这张图。通过向公众开放，使公众了解规划，主动参与到规划管理中，打通公众参与的渠道，提高公众参与效率。

03

规划统筹，
实施好一张蓝图

● 本章重点讲述如何以规划统筹城市建设，保障"一张蓝图干到底"。提出一张蓝图实施监管的基本原则和方法、规划传导的"五年—年度"实施体系、保障规划实施的信息平台支撑体系以及法规政策和技术标准体系。

3.1 规划统筹的含义和方法

3.1.1 规划统筹的含义

为解决当前城市规划、建设、管理碎片化的突出问题，需要进一步发挥"城市规划在城市发展中起着战略引领和刚性控制的重要作用"，要建立城市规划建设管理统筹机制，以规划统筹实施"一张蓝图"。

3.1.2 规划统筹的方法

（1）建立规划项目实施传导体系

以一张蓝图为依据，建立起以战略规划为长期引领，以发展规划、近期建设规划等五年规划为近期抓手，规划实施年度计划为年度落实的项目实施传导体系，实现规划内容的分解落实。将近期建设规划制定的指标分解落实到年度城市建设中，提前谋划、统筹安排年度规划实施内容和项目，并形成年度项目储备，为有序推进年度项目生成和城市建设奠定基础。年度实施规划基于多规业务协同平台及工作机制，统筹协调全市各主管部门、区政府等共同编制。年度实施规划的具体任务落实到各责任部门，共同推进项目实施。

（2）建立支撑规划统筹的信息平台

建立并依托信息平台，建立部门协同的规划实施机制和项目生成办法，建立划拨用地和出让用地的项目生成流程，形成多部门线上线下协同的项目生成机制。各部门依托平台共享空间信息，实现规划实施的协同决策、可研报告的联评联审，依序落实建设项目的资金条件、用地条件、合规与否等，高效完成前期策划，强化项目落地的可操作性、时效性。财政性投资项目在规划实施传导体系的引领下，建立五年、年度规划项目储备库滚动策划生成项目。社会投资项目按照战略规划和五年规划明确的产业方向、空间布局、产业政策和支撑体系，进入信息平台统一策划生成。依托信息平台的项目生成机制，有效衔接规划编制与规划实施，解决建设项目布局无序、建设不配套的难题。[1]

1 由欣、何子张：《厦门市空间规划供给体系改革探索》，《城市规划学刊》2018 年第 7 期。

（3）建立规划实施的政策保障机制

为保障规划实施的制度化和法制化，应通过制定地方法律法规、政府规章和政府文件、部门配套规则、方案，构建规划建设管理机制体系。首先，落实国家层面的管控内容，制定地方实施细则。其次，建立规划实施过程的协调与考核机制。

（4）建立规划建设管理监测、评估和预警机制

规划建设管理监测、评估和预警能够及时反馈规划建设管理的问题和偏差，是规划统筹的重要环节。监测与预警主要针对规划强制性内容、规划实施两方面。通过建立空间规划强制性内容的监测预警机制，对规划编制、规划实施强制性内容的执行情况进行监督，预警并协助查处违法建设行为。通过建立规划实施的监测机制，确保各部门按照制定的计划完成规划编制与规划实施工作，保障城市建设目标的逐年落实。规划评估不仅对空间规划成果本身或方案进行评价，而且应按照指标体系对战略目标的分解落实情况进行评估，以衡量规划实施的效果。充分考虑影响空间规划实施的各种因素，对空间规划实施效果以及规划实施环境的趋势和变化进行持续的监测。评估后要通过比照规划实施的实际效果与规划原定的阶段实施目标的偏差，对规划的目标、策略和实施手段进行调整。按照"一年一体检、五年一评估"的要求，建立年度体检、五年评估机制。及时反馈规划实施情况，监督并推进规划实施。根据规划实施机制，设计规划实施各环节的监督评估机制，通过对指标、控制线等的监测，监督各级政府、各部门履行其事权范围内的规划实施的情况。针对主要指标和核心管控要素进行年度体检和评估，总结问题并落实到责任部门。

3.2 实施一张蓝图，统筹城市规划建设管理

以一张蓝图统筹规划建设管理，确保"一张蓝图干到底"，促进城市系统有序、整体协调地发展，推进城市治理能力的提升。

3.2.1 建构规划建设管理体系

（1）从项目导向转向规划统筹

在我国城市空间快速拓展的时期，形成了以项目为中心的城市建设管理方式，往往缺乏整体统筹，建设项目遍地开花、资源配置低效、服务配套滞后等问题比比皆是。当前中央提出生态文明建设和绿色发展的战略部署，要求更加突出集约和可持续的发展，更强调城市发展的系统性和协调性，因此须通过实施一张蓝图统筹城市建设管理。

（2）以一张蓝图统筹城市规划建设管理

一张蓝图是战略引领、"五位一体"并形成广泛共识的一张图，实施一张蓝图，确保"一张蓝图干到底"，主要通过构建实施传导体系，将一张蓝图的内容分类、分层、分时序落实到城市建设中，以一张蓝图为基础统筹并策划生成建设项目，实现城市发展战略意图的落地；同时一张蓝图是动态的，结合体检评估工作及时反馈规划实施的效果及问题，从而使一张蓝图更有效地指导城市建设。

（3）建立协同实施机制推动城市治理能力提升

一张蓝图需要靠政府、市场和社会力量等多方主体共同实施，建构实施传导体系和多方协同实施机制十分重要，既要明确事权分工，同时重视多方统筹协调，形成决策共识，从而提升规划实施的效率。通过协同实施机制的创新，探索城市协同治理的方法和路径，从而推动城市治理能力的提升。

3.2.2 建构"市政府—各职能部门"的部门统筹机制，明确一张蓝图实施的责任主体

推动战略意图分部门落实机制。市政府负责编制城市发展战略蓝图，各职能部门负责编制本部门专项规划，利用一张蓝图的协同，确保各部门项目在空间上得以落实，共同实施一张蓝图，同时在空间上实现了部门事权的无缝衔接，减少了行政部门之间职责不清、相互推诿的可能性，以底线思维确保城市公共服务设施体系的建设空间，全面优化了空间规划体系（图3-1）。

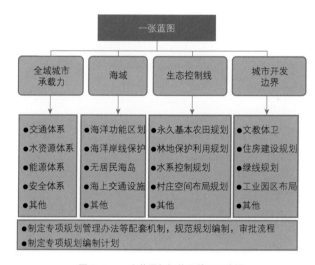

图3-1　一张蓝图部门传导体系示意图

3.2.3 建构"市域—分区—管理单元"的空间传导机制，确保一张蓝图实施不走样

重视上下层级规划之间规划意图的约束传导机制。科学划定规划管控单元，形成"市域—分区—管理单元"三级管控层次；通过制定实施指引，强化上层次规划的实施导向，实现战略意图的目标指标、要素配置等核心内容的分级传导。

案例：上海的分区指引传导机制

上海市在"上海2040"规划实践中，探索了分区指引的传导机制（表3-1）。

上海市分区指引空间格局指引技术要素表　表 3-1

格局要素	指引要点				
城乡体系	分类	规模、面积、人口	功能导向	空间发展策略	设置标准
	主城区	●	●	●	—
	新城（核心镇）	●	●	○	—
	中心镇	○	○	—	●
	一般镇	—	—	—	●
中心体系	分类	范围	规模（人口）	功能导向	设置标准
	城市主中心（中央活动区）	●	—	●	●
	城市副中心	●	○	●	●
	地区中心	○			●
城镇圈	分类	范围	规模（人口）	功能导向	核心城镇	空间发展策略
	●	●	○	○	●	○

注：●为落实"上海2040"的指引内容；○为分区指引深化指引的内容。
资料来源：郑德高、孙娟、葛春晖、张振广、张晓沛、张一凡、马璇：《约束传导："上海2040"分区指引编制技术方法探索》，《上海2040专项研究》2017年，第45页

第一，编制"分区规划任务书"作为向上承接总体规划、向下指引分区规划的技术文件，以任务书的形式强化对总体规划核心内容的约束传导，明确和体现传导文件的法定地位。任务书明确各分区的战略任务、必须落实和延续的内容、必须遵循的原则等。

第二，约束主体以"行政区"为边界，对应和体现分区规划编制

和管理事权，保障刚性管控的有效传导。

第三，构建"战略引领、刚性管控、系统指引"3 大维度的指引框架，强化刚性管控的重要性，凸显战略引领的方向性和系统指引的实施性。

第四，构建"一文一表一图"的成果体系，在以文字为主的传统分区指引基础上，强化分区指引指标体系，增加指引内容的图示表达，凸显指标刚性约束、强化空间要素传导。

第五，以"事权边界"为准绳，从城市发展理念、技术准则和管控规章三个维度厘清分区指引的约束深度。

第六，以分区指引为核心，构建全市总体规划与分区规划"上与下"间的"动态协商"平台与机制，将自下而上的诉求和自上而下的要求相结合，提高约束传导的有效性；将分区指引作为评估分区规划实施的标尺，建立动态评估机制，保障约束传导的长期性。

3.2.4　建构"五年规划—年度实施规划"时序传导机制，推动一张蓝图有序实施

创新编制五年建设规划与年度实施规划，以时间为主轴制定具体的建设计划，强调与国民经济和社会发展五年规划的衔接，并在制定和执行中始终贯彻战略规划意图，是实现战略意图的"时间传导机制"。突出"两重点、两层次"：两重点即以建设用地管控和重大项目建设为重点，强化规划统筹作用；两层次即为以五年和年度两个层次滚动编制为路径，有序推进规划实施。确定了规划实施时序传导机制，在"总体—五年"阶段，主要通过与发展规划的政策和目标相衔接，确定五年近期目标指标；在"五年—年度"阶段，将五年目标指标进一步传导到年度空间实施规划去逐年落实。

（1）做实五年规划，提升发展规划与近期建设规划的协同性

发展规划以五年期的政策规划为主，以多类型的行业规划、专项规划为支撑，具有较强的目标性、政策性。为落实城市战略目标，应强化发展规划提出的建设项目的落地安排，保障项目基本具备空间条件。

在五年规划环节，还可进一步改进近期建设规划的编制方法，解决以往近期建设规划与政府项目调控难以衔接、对城市建设难以发挥宏观引导职能的困局。

案例：《厦门市近期建设规划（2016—2020 年）》

《厦门市近期建设规划（2016—2020 年）》强调了对于政府可以统筹的空间资源的规划安排及空间落实，包括重要的城市片区、重大的交通市政等基础设施、重要的民生项目等；同时，加强编制部门的联动协作，通过近期建设规划与发展规划的同期编制，使五年规划在建设项目的安排上既实现资金统筹，又做到空间统筹，保障五年规划的实施及其效用（图 3-2）。

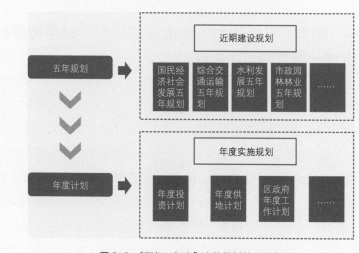

图 3-2　"五年—年度"实施规划关系示意

（2）做好年度建设规划，强化年度建设项目的谋划与落地实施

以"一张蓝图"为基础，以年度投资计划为依据，制定年度建设规划。依托"一张蓝图"从城市空间发展战略的高度策划项目，提升城市竞争力，补足民生短板。依托"一张蓝图"，各部门落实年度建设项目的空间安排与实施时序，强化建设项目落地的可操作性。

通过年度建设规划，可实现两个目的：一是从全市层面，明确年度城市建设的目标和方向，提出规划实施的重点片区与项目建议，提出用地储备的指引，根据项目成熟度推进项目生成工作。二是从分区层面，根据确定的年度建设目标和建议，策划具体建设项目并对用地情况进行落实。

年度建设规划在规划实施体系中起到了承上启下、统筹协调的作用。承上指的是突出规划统筹，将规划对未来的谋划细化落实到年度具体项目建设中，从空间资源配置的角度安排项目及其建设时序，最大限度发挥协同效益。启下指的是保障项目落地，强调项目的经济绩效、空间安排、用地落实，做到"条专块统"。[1] 按照行业类型划分管理，将项目划分为各种专业类型，由相应主管部门牵头负责，利于分配任务、明确责任。按照属地划分管理，将各类项目分解到各区、各指挥部，落实属地管理，利于片区内系统的完整性，确保成片开发、成片建成。统筹指的是形成常态化工作机制，由市政府公布规划，实现规划编制与政府管理的衔接。协调指的是部门协调，在编制过程中各区、相关职能部门密切配合，实现资金、项目、空间的耦合，提前谋划谋定项目。

（3）形成了全市统筹分级实施的项目生成机制

年度建设规划提出的项目纳入储备库，规划实施就进入具体项目生成环节。过去由于缺乏统筹协调的平台，项目生成是由发展改革部门牵头、各部门线下配合，通过下达分批次的建设项目工作前期计

1 由欣、何子张：《厦门市空间规划供给体系改革探索》，《城市规划学刊》2018 年第 7 期。

1 由欣、何子张:《厦门市空间规划供给体系改革探索》,《城市规划学刊》2018 年第 7 期。

划完成的。这种工作方法难以发挥规划的统筹作用，也难以及时有效地协调相关部门的意见，业主单位是协调主体，容易导致生成的项目到审批环节出现不符规划等情况，影响了审批效率。通过转变工作方法，形成以发展改革、规划和国土部门为主体，多部门线上线下协同的项目生成机制。在协同平台上，设立了划拨用地和出让用地的项目生成流程，各部门依照流程启动项目，依序落实资金、用地、合规与否等事项意见，使项目具备空间条件、资金要求，强化了项目落地的可操作性。在项目生成过程中，规划部门充分发挥了一张蓝图空间引导作用，强化了对于项目的空间安排，强化了规划统筹项目的能力（图 3-3）。[1]

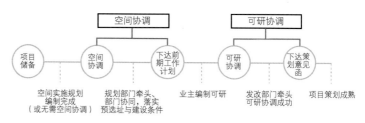

图 3-3　划拨用地项目生成流程图

（4）以专题研究提升项目生成的科学合理性

市场主导的经营性用地，通过开展专题研究提出供地总量、供地时序及布局方向的计划安排，确保体系完整，并把握经营用地供应规模及结构的科学合理性。例如，厦门编制了《厦门市住房建设发展规划（2017—2021 年）》，合理预测未来 5 年住房供应规模和供应结构，制定五年商品住房和保障性住房的建设计划，对于推动厦门市房地产市场健康稳定发展做出了科学指导。以专题研究提出的规模及布局为基础，在"五年—年度"规划阶段，结合"一年一体检、五年一评估"的规划评估机制，提出经营性用地项目布局指引并策划生成相关项目或提出可供用地用于招商。通过这种方式，主动策划引导市场需求，并确保片区其他功能相耦合，推进片区整体统筹建设与发展。

3.3 以一张蓝图统筹城市运营管理

以一张蓝图为基础，通过城市功能策划和空间综合利用，引领片区统筹发展，激发城市空间的活力，促进城市空间整体协调发展，提升城市运营效率和管理水平。

3.3.1 做好空间运营和产业发展策划

（1）以城市功能策划保障片区整体统筹发展

基础设施、公共服务设施等以政府投资为主的划拨类项目，是政府实现战略目标与构建宜居城市的重要抓手，同时对城市其他功能的集聚具有重要的带动作用，能够引领片区发展，提升片区活力，是快速推动城市开发的有效发展模式。

突出对政府投资项目的功能策划，以推进片区整体统筹发展。在战略规划和近期建设规划提出的功能引导基础上，开展功能区策划，落实上位规划提出的功能区单元目标、定位、规模、空间布局以及考核指标，以划拨类的开发项目为片区主导属性，促进经营性项目跟进开发，形成供地方式融合、功能布局合理的发展片区。同时在项目生成过程中，以"一张蓝图"为基础，对给水、排水、电力、电信、医疗、卫生等配套设施进行承载能力分析，评估当前项目建设需要配套的基础设施和公共服务设施，这些项目以新项目生成的方式纳入建设流程。通过这种方式，保障建设项目的配套完整，促进片区空间协调发展。

（2）加强产业前期策划，引导市场有效投资

对于市场主导的经营性用地，特别是产业用地，强调从总体功能布局到地块功能开发策划的合理引导，总体层面通过开展专题研究，

确保体系完整，并把握经营性用地供应规模及布局的科学合理性。如厦门市通过编制《厦门市工业布局规划（2017—2035年）》，保障了制造业发展空间，推进工业空间集聚，同时加强存量用地"留、改、退"的空间引导。在招商及用地出让阶段，突出主动策划，通过用地出让指标和地块城市设计条件的制定，引导市场投资和建设开发。如厦门市在出让条件的编制中，对规划的土地使用性质进一步分析，综合周边的业态调查和研究，进一步提出产业的细分类别，并通过建筑初步方案校核的形式，制定确保可以实施的出让用地指标体系。另外制定《厦门市城市设计标准与准则》，明确城市重点景观敏感区的建设要求，包括一般片区、滨水片区、临山片区、历史片区、风貌控制区、山海通廊区、主要动线两侧7种控制区的控制通则。同时，对于重点城市景观节点区域，进行专题地块出让条件的研究，确保建设指标和城市设计要求条款可实施易监管。

3.3.2　倡导土地综合开发，提高空间运营效率

（1）突出空间的多维度综合开发

空间是城市的稀缺资源，除了提高规划设计品质，还可以通过提高空间的运营效率达到空间的有效利用。根据相关城市的建设实践，可以归纳为以下三种开发模式。

①多元运营开发模式

多元运营开发模式通常适用于城市公共设施的运营。城市公共设施是市民品质生活的重要保障。近年来各地政府为了提高城市吸引力和竞争力，纷纷加大对城市公共设施的建设投入。大型公共设施不仅建设占地多、投资规模大，后续的运营维护成本也居高不下。如果得不到有效利用，将造成社会资源的巨大浪费。体育场馆、会展中心等大型公共设施的建设就是典型案例。

以体育场馆为例，大型体育场馆的基本功能是承办大型体育赛

事，但大型赛事使用的频次有限，如果仅仅满足这一功能，将导致场馆设施的长期闲置。如何充分利用体育场馆的公共空间进行开发和利用，确保国有资产的保值和增值，是城市管理者面临的主要问题。

广州市天河体育中心就是对体育场馆进行有效开发利用的成功案例。天河体育中心位于广州市区东部，毗邻广州东站与中信广场，地处金融商业中心，占地约 58 万平方米，是全国第一座同步建成体育场、体育馆和游泳馆三大场馆的大型体育综合体，是广州目前规模最大的体育场地。天河体育中心建成于 1987 年，是第六届全运会开幕式和闭幕式的主会场，也是九运会的主赛场。除了成功承办大型运动赛事，天河体育中心对空间进行多功能的开发，适合各种日常健身运动项目的多元合理搭配，包括田径类、球类、水上运动类、棋类、健身舞蹈类等不同类型的各种体育运动项目 20 余项，成为针对不同消费需求的大众健身中心。非节假日日均运动人口达 9700 余人次，节假日运动人口更达到 1.5 万人次，全年约 500 万人次。

天河体育中心作为政府的公益事业单位，不但为社会提供了一流的公益类健身运动场所，而且通过多年的精心建设，创造了一处绿树成荫、景色宜人的城市开放空间，成为广州市区的核心地标之一。在它的带动下，周边逐渐形成寸土寸金的天河商圈。天河体育中心在健康的运营机制保障下，目前基本上做到收支平衡，各项设施得到有效维护，是其他城市值得借鉴的典范案例。

大型体育场馆除具备充裕的公共空间资源外，体育赛事的附属资源也十分丰富。在市场经济体制改革的背景下，大型体育场馆如果仍然由政府直接投资经营，不仅将造成公共资源的浪费，巨额的运营成本更是给城市财政背上沉重的包袱。充分挖掘体育场馆本身的资源条件，走多元化经营之路是必然趋势。

要解决场馆在大赛后的综合利用，首先要从源头开始，在筹建和设计之初，对场馆的定位和产业运营模式进行充分的论证。在坚持公益性不变的基础上，在空间设计上进行多样化的预留，为日后的经营管理提供更多的可能性。

其次，融入市场经济环境，逐步扩大经营规模，进行多元化经营。对体育场馆的空间资源和体育赛事的附属资源进行有效开发，如赛事冠名权、媒介经营权、场馆广告权、场地租用权等，通过多方面多渠道创造效益。

总之，对于体育场这类大型公共设施普遍具有建设标准高、交通区位好、市政配套完善、空间宽裕、通用性强等特点，可以通过周密的策划和组织，使同一空间兼具体育、文化、展览、商业等多样化的功能，并在公共设施的全生命周期中实现最大的利用率，通过多元运营开发。保障公共资产的高效利用。

②立体复合开发模式

随着城市化进程的发展，城市土地资源日益短缺，特别在城市中心区，土地空间资源稀缺，城市空间的集约和综合开发成了大势所趋。轨道站点综合开发，就是在城市综合效益优先的前提下，对土地进行立体综合开发利用的典型模式。

轨道交通的建设，主要集中在一、二线城市，这类城市的发展对建设用地有极大的需求，而轨道站点一般设置于交通需求旺盛的人流密集区域，具备综合开发的良好条件。因此，在轨道站点综合开发及设计中，通常综合了轨道车辆换乘、办公生活及配套等多样化功能，土地在立体空间中会有不同的权属，各类用地的关系更加立体化，空间分隔、交通组织都需要从立体的角度进行设计。

在城市土地的综合开发中，多样化的城市功能之间既相互独立，又应有合理的联系途径，通过空间、交通、结构、消防等城市要素紧密关联，相互叠加与整合，使得原本单一的交通功能得到了丰富和拓展。以交通带动商业发展，以商业反哺交通客流，通过物业综合开发，为城市轨道基础设施建设拓宽资金渠道，是一种互利双赢的可持续发展之道，各种功能之间相得益彰，极大提高了土地价值和空间利用效率。

例如厦门五缘湾南站的综合开发项目，项目位于厦门重要的城市客厅——五缘湾西岸，天圆大桥和五缘湾道交叉口南侧，轨道2号线斜穿本地块并于地块北部设置五缘湾南站。地块开发功能为商业、图书馆及公寓，通过商业、图书馆的功能组合聚集人气，增加五缘湾和湿地公园的活力，同时为片区商务人群提供租赁公寓。

地块开发注重与轨道站点整体设计、便捷衔接，同时与周围环境景观相融合，在西侧五缘湾道一侧和滨水设置广场空间，地块内部利用轨道上方不宜开发的用地设计架空廊道，连通滨水和北部公园，在便利五缘湾片区出行的同时，又为五缘湾西岸增添了一个标志性的滨水商业休闲节点。

③业态互补开发模式

空间的活力往往成为评价空间开发利用是否成功的标志。通过不同业态的有机组合，使同一空间提供多样化的服务，是保持空间活力的有效手段。商业综合体是通过业态的互补性催生空间活力的典型案例。

商业综合体是将城市中的商业、办公、旅馆、餐饮、文娱等多种商业业态进行优化组合，形成一个三种以上的业态相互依存、有机融合的消费空间。利用不同业态对运营时间和场所要求的差异，进行集约高效的组合，形成个性化、舒适化和便利化的消费体验，同时形成在营业期间持续繁荣的经营面貌。

一般而言，特定的消费群体具备类似的消费行为，这为商业综合体的业态策划奠定了需求基础。成功的业态组合模式是通过多样化功能，尽量满足消费者在场所范围内可能出现的各种需求，进而涵盖消费者从工作到生活中易发生的高频次需求，在快节奏的生活背景下，商业综合体就可以获得稳定的客户群，从而保障开发的成功。从消费者的需求层次来看，工作需求业态包括办公楼、SOHO、酒店等，日常生活需求包括公寓、商铺、超市等，休闲社交需求包括电影院、美容院、健身中心及 KTV 等。通过业态组合，可使商业综合体保持持续的人流量和消费客群，从而获得最佳的运营效益。

城市管理者可以在商业业态综合策划的基础上，进一步强化社会职能，增加社会管理、文化体验、基层诊疗服务、旅游服务等业态，在一定范围内实现职住平衡，不断提高居民的生活品质。

（2）应对重大城市事件的空间综合利用

城市事件包括文化艺术、娱乐、体育、会展、节庆等具有一定规模以上的活动。

城市重大事件与城市发展有着密切的关系，立足于国民生命财产安全和公共设施管理，如果合理利用，将在短时间实现城市的跨越提升。城市管理者的任务在于把短期的事件引导到城市长远的可持续发展的生态环境、经济环境和社会环境框架中，将具体的为重大事件所建设的基础设施与城市未来发展战略相结合，使之成为城市全面可持续发展的催化剂。[1]

1　吴志强：《重大事件对城市规划学科发展的意义及启示》，《城市规划学刊》2008 年第 6 期。

案例：上海世博文化公园

2010 年成功举办的上海世博会，给世界留下了美好的回忆，也给浦东留下了一笔珍贵的财富。世博会闭幕后，会址改造为"世博文化公园"的规划也获得上海市政府批复。根据规划，世博文化公园将保留法国馆、俄罗斯馆、意大利馆、卢森堡馆 4 个世博场馆，同时新建上海大歌剧院、温室花园及配套设施。[1] 历史水系、工业记忆、世博肌理，叠加森林、湿地、草坪等各类丰富的人文形态，将在这里得到完美的结合。通过一系列富有创意的建设项目，黄浦江这一段江畔的城市景观展示了让人耳目一新的改造效果。

1 司春杰：《世博会留给浦东的财富》，《浦东开发》2017 年 12 期。

04

规划支撑体系

● 本章重点讲述统筹规划和规划统筹的支撑体系，包括建设统一的空间信息平台，完善法规政策与技术标准，以及建立一张蓝图的监测、评估和预警机制。

4.1 建设统一的空间信息平台

空间信息平台是开展"统筹规划、规划统筹"的基础，是构建空间规划体系和保障规划实施的技术支撑。依托统一的空间信息平台，汇聚各类现状、规划、城市运行数据，实现部门间业务协同，信息共享、业务共商、空间共管为建设项目审批改革奠定工作基础，助力城市治理能力提升。

4.1.1 空间信息平台的作用

接入多部门现状和规划数据，形成战略统一、系统完整、科学布局、信息共享的空间信息平台。明确各部门空间管理对象和职责，及时协调矛盾，保持现状和规划一张蓝图的统一；建立以一张蓝图引领多部门协同的项目策划生成制度；建立信息透明公开、运行机制健全、监督检查有力的空间资源共建共管模式。

（1）信息共享

一是共享数字化现状信息。利用信息平台数据记录和信息传播的优势，汇聚建设用地、建筑与道路、自然资源、社会经济、交通运行等城市现状信息，并且通过支持数据的动态更新，令原本相互割裂、繁杂的现状信息变得清晰明了，使城市管理者全面、迅速地掌握城市运行的"全景图"，摸清城市家底，在管理和决策的过程中切实做到"心中有数"（图4-1）。

二是共享空间规划成果。实现跨层级、跨部门、全覆盖空间规划成果共享，消除"规划信息孤岛"，解决空间规划成果分散、标准不统一、坐标不一致、规划空间布局相互矛盾等问题。实现全域空间规划数字化管控，保障城市空间发展的战略定位、底线管控、要素配置的系统性、空间布局合理性，维护规划实施效率，支持空间规划"一张蓝图绘到底"。

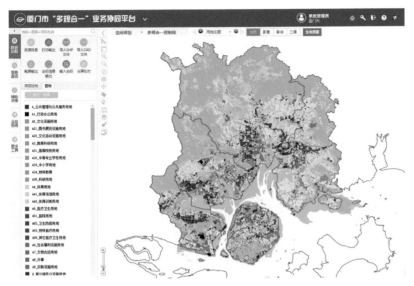

图 4-1　厦门市全域数字化现状平台现状用地专题
图片来源：厦门市规划委

　　三是共享动态更新成果。规划成果在实施过程中必然会不断优化调整，信息平台可以让各部门共享空间规划成果的变化，实时掌握空间规划信息变迁。随着新编规划的入库和信息的不断维护更新，数据的现势性的维持对一张图的有效性和权威性具有重要的意义。通过统一的信息平台管理，可以实现城市空间规划编制、审批、实施、管理的全流程信息互动，实现各类空间信息的实时动态更新（图 4-2）。

图 4-2　实时动态更新管控一张图
图片来源：厦门市规划委

　　四是共享数据分析成果。通过统一的信息平台实现城市各类空间要素、城市发展指标的标准化展示和分析，使城市自然资源、城市空间格局、"三区三线"、城市发展运行动态一目了然。各部门通过共享平台数据分析模型和多源空间信息分析结论，可以支持各部门空间管理政策优化，辅助城市管理者科学决策。

（2）业务共商

　　一是协调空间规划差异。通过统一的信息平台，可以实现多个部门规划数据的融合，辅助各职能部门发现各类规划间存在的冲突，快速找出规划差异图斑，并为差异的解决提供基础数据和技术支持。各部门可以通过平台快速地与相关责任主体同步进行空间协调，根据达成的城市发展战略共识、围绕统一的空间消除规划差异规则，提高规划差异协调的效率，保证规划的协同性（图4-3）。

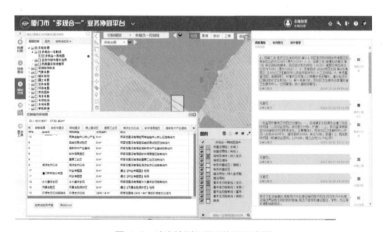

图4-3　冲突检测及矛盾协调示意图

图片来源：厦门市规划委

　　二是统一城市空间发展战略和底线。通过发布共享控制线体系，协调统一空间发展的战略共识（图4-4）。贯穿空间规划的编制、管理、实施、监督各环节。涉及控制线的调整须经共同协商的决策程序，坚持维护生态安全、粮食安全底线，落实空间发展战略。

"三线"　　　　　生态控制线　　　　　水系蓝线

图 4-4　厦门城市发展控制线体系
图片来源：厦门市规划委

　　三是协同空间要素保障。依托空间信息平台为城市发展提供空间要素保障，通过建立近期建设和年度实施两级项目储备库，可有效地承接"五年—年度"规划，衔接规划实施与项目落实，为城市的建设与发展提供全面的空间要素保障，强化空间统筹能力，通过空间的有序发展促进社会经济的有序发展。同时，信息平台为政府决策提供了技术保障，部门线上协同，政府线下决策，基于平台可以快速获得其他相关部门的意见，形成一套科学协同决策的工作平台和模式，为建设项目审批环节的提速奠定坚实基础（图 4-5）。

厦门多规合一业务协同平台实践

划拨项目落地协同

案例：轨道交通6号线官浔站配套　　轨道交通站点配套项目，第一轮预选址占用限制建设区，规划部门及时调整用地边界，第二轮协调顺利通过，快速推动项目落地。

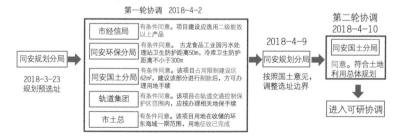

图 4-5　厦门项目落地协同机制
图片来源：厦门市规划委

87

（3）空间共管

一是贯彻国家战略部署，落实城市发展战略。空间信息平台实现与国家信息平台联动，对上承接国家、省级的战略要求、管控要素及管控指标，对下衔接地方城市管理建设实施现状信息，平台可对空间发展管控要素进行检查和监管，确保城市空间发展战略和底线的落地和实施。共同坚守形成全域覆盖、设施完整、事权对应的空间规划一张蓝图，维护城市建设开发与底线保护的平衡。

二是信息公开透明。空间规划成果、规划入库和维护的工作过程记录、规划实施各部门协商过程通过信息平台共享发布，各部门通过平台共享本部门专项规划管理要求的同时，能了解其他部门专项规划的信息，为协同推进空间规划管理提供了基本的条件。

三是推动公众参与。依托空间信息平台，建立政府和民众"双向"沟通的渠道，一方面，将美好的规划愿景传达给公众；另一方面，凝聚公众的"群体智慧"。通过规划信息公开和征求公众意见活动，为公众参与城市规划实施创造条件。促进公众参与规划管理与规划监督，实现"共享共治、互联众规"。

四是促进城市精细化管理。空间信息平台接入三维仿真系统，运用三维虚拟现实手法精确复原景观风貌，一方面通过形成风貌建筑的三维仿真平台，作为数据支撑对风貌建筑的精细化管理进行辅助，更好地保护风貌建筑和历史街区；另一方面通过实现地形地貌仿真，还原城市整体山水格局，为管理部门提供精准的管理依据，更好地保护城市生态空间格局。通过在空间信息平台实现三维可视化仿真，在数字化系统中进行推演分析，提前发现问题优化布局，减少规划实施的风险和可能造成的浪费，以更小的成本和更快的速度推动城市精细化管理（图4-6）。

图 4-6 三维仿真技术辅助城市精细化管理
图片来源：厦门市规划委

4.1.2 空间信息平台建设与运营的方法

（1）高位保障，快速有力组织平台建设

空间信息平台是空间跨部门协同管理的基础性平台，需要党政主要领导亲自主抓，全市动员，各职能部门上下密切联动、通力协作、合力推进，结合实际条件明确远期目标和近期建设重点，分阶段、分步骤地推进平台的建设实施。

（2）整合数据资源，逐步形成丰富、动态的空间数据库

数据是支撑信息平台运行的基础，平台总体设计时应将城市各个部门的地理空间信息资源建立在统一的地理空间管理架构上，将多源、多尺度、多时相、不同分辨率的地理空间、城市运行和空间规划信息有机整合起来，同时，通过制定符合业务需求的空间数据管理机制，注重动态更新，保证数据的现势性和有效性。

（3）建立技术保障队伍

围绕信息平台建设工作的其他要求，组建本地专业信息化运维团队作为技术保障。平台运维团队应熟悉规划业务、科学管理一张蓝图、熟悉建设项目审批，迅速找准平台建设需求，保障平台的实施与推广，以保证平台的顺利建设及运行。

（4）完善平台运行保障机制

为保证平台持续稳定运行，应制定从政策、实施到监督三个层面的运行保障体系。在政策上，明确"一张蓝图"的法律地位，修订相关法律法规，支撑"多规合一"的实施；实施过程中，制定统一的空间规划技术标准，搭建一个平台共享部门数据，并建立支持部门业务协同、数据更新的完整机制；监督层面上，与效能监管对接，对部门业务办理情况实施监管。同时，持续跟踪、优化、完善业务需求，保证平台的整体运行。

4.2 完善法规政策与技术标准

本节论述制定体现地方特色与需求的空间规划政策法规，制定落实国家要求的实施细则，针对面临的实际问题出台法规规章，建立地方层面的技术语境。提出完善统筹规划编制机制、完善规划统筹实施机制的建议。

4.2.1 强化政策法律支撑

（1）政策法规支撑的重要性

统筹规划、规划统筹工作有很多创新性做法是需要法规支撑的。尽管为了加强管理，各地已经出台了一些规范性文件，但还不足以解决面临的制度障碍（图4-7）。例如，放管结合、运行高效的建设项目生成和审批机制的构建问题，在并联审批、环节优化等与现行的法律法规存在一定的冲突。[1] 为推动依法行政，使改革有法可依，需要探索与改革创新做法相匹配的法律法规体系。

1 蔡莉丽、魏立军：《从规划体系构建到规划实施管理——厦门"多规合一"立法的实践与思考》，《城市规划学刊》2018年第7期。

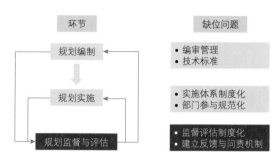

图 4-7　政策法规缺失问题分析

（2）探索制定体现地方特色与需求的政策法规

通过地方性法规规章的制定，一方面，向上衔接国家要求，向下对接地方发展需求；另一方面，将地方在规划编审、建设实施与监督评估的做法法制化（图 4-8）。

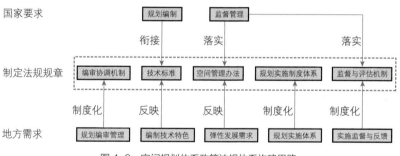

图 4-8　空间规划体系政策法规体系构建思路

一是落实国家层面的要求，制定地方实施细则。在国家标准的基础上，制定地方层级技术标准，保障各层级、各类规划的衔接，有效推进规划的编制、修编与滚动更新。衔接国家督察机制，落实国家空间管控要求，建立空间管控的协调机制。

二是针对面临的实际问题出台法规规章。第一，建立地方层面的规划编审协调机制。按照地方特点，统筹规划编制，充分发挥信息平台的作用，打破部门壁垒，保证所有部门能够及时发现规划问题，并持续、完整地掌握规划编制的情况。[1] 第二，建立规划建设管理统筹机制。制定与"五年—年度"规划建设体系相配套的实施制度。使各

1 郑雅彬：《面向"多规合一"的厦门空间规划编制组织机制研究》，《城市规划学刊》2018年第7期。

91

级政府、各部门能够依法依规有序参与到规划实施中来，尤其应明确年度建设规划中的部门协调，落实规划统筹。第三，统一技术语境。为统一技术标准，规范规划编制内容，推进各层级、各类规划无缝衔接，需统一基础数据统计口径、图件编制标准与接入国家信息平台的数据标准。统一技术流程与成果标准，为规划的衔接与动态更新提供技术保障。

4.2.2　完善统筹规划编制的机制

（1）建立统筹规划的规划编审机制

统筹规划编审工作。为理顺规划体系，使规划能够真正起到统筹、配置空间资源的作用，建议由专门的机构或部门对规划编制组织管理工作进行统筹，建立组织、编制、审批等重要环节的协调机制（图4-9）。

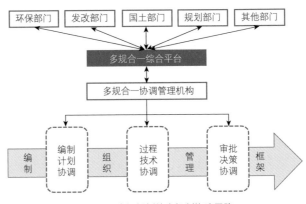

图4-9　空间规划编审机制构建思路

1　郑雅彬：《面向"多规合一"的厦门空间规划编制组织机制研究》，《城市规划学刊》2018年第7期。

第一，建立空间规划编制统筹的计划协调机制。通过编制计划和项目任务书的制定，统筹空间规划编制的时序、内容和深度，使其能够与空间规划体系有序衔接，建立空间规划计划协调机制。[1]

案例:《天津市城乡规划编制年度计划管理暂行规定》

第五条 城乡规划编制年度计划由拟开展编制的若干项城乡规划组成。对每一项拟开展编制的城乡规划,需制定城乡规划任务书,主要包括:

(一)规划编制的具体范围;

(二)规划编制的原因和依据;

(三)规划编制的内容;

(四)上一层次规划对规划编制对象的规定和要求;

(五)对规划编制对象的其他规定和要求;

(六)规划编制成果要求;

(七)规划编制工作开展方式;

(八)规划编制工作进度安排;

(九)规划编制经费预算及来源。

第二,建立编制组织管理过程的技术协调机制。空间规划编制技术工作启动时,通过信息平台获取最新基础数据,将之作为空间规划编制的基础。在编制组织管理过程中,通过技术审查,对新编、修编的规划与一张蓝图进行核对、审查(图4-10)。空间规划取得市政府或上一级行政部门批准后,完成一张蓝图动态维护。

第三,建立空间规划审批的决策协调机制。建立信息平台征求意见机制,实现编制组织管理过程协调。空间规划初步方案完成后,由组织编制部门通过多规平台征求空间规划涉及的部门及区政府的意见,并规定反馈意见的时限,减少空间规划衔接问题。[1]

(2)统一空间规划编制技术标准

在国家层面统一基础数据、用地分类、坐标体系的基础上,地方层面可根据空间规划编制的具体情况,进一步统一技术标准,确保空间规划的衔接。

1 郑雅彬:《面向"多规合一"的厦门空间规划编制组织机制研究》,《城市规划学刊》2018年第7期。

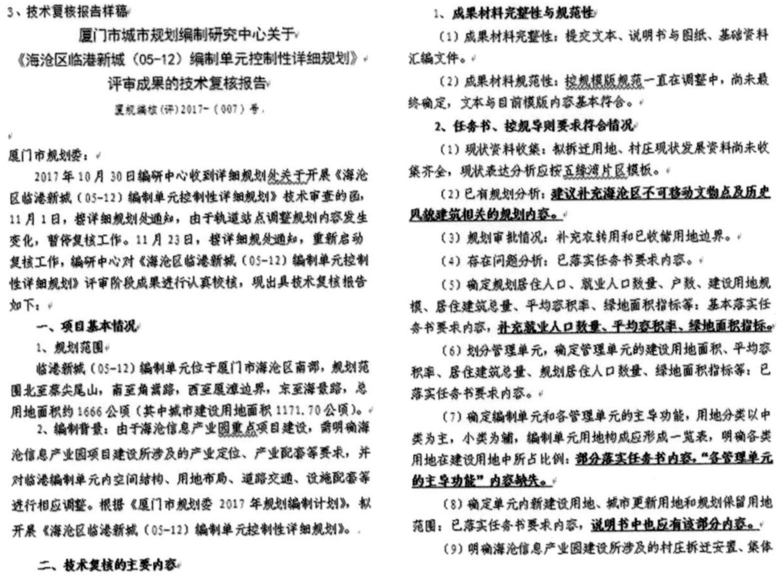

3、技术复核报告样稿

厦门市城市规划编制研究中心关于
《海沧区临港新城（05-12）编制单元控制性详细规划》
评审成果的技术复核报告

厦规编核(评)2017-（007）号

厦门市规划委：

2017年10月30日编研中心收到详细规划处关于开展《海沧区临港新城（05-12）编制单元控制性详细规划》技术审查的函，11月1日，接详细规划处通知，由于轨道站点调整规划内容发生变化，暂停复核工作。11月23日，接详细规划处通知，重新启动复核工作，编研中心对《海沧区临港新城（05-12）编制单元控制性详细规划》评审阶段成果进行认真校核，现出具技术复核报告如下：

一、项目基本情况

1、规划范围

临港新城（05-12）编制单元位于厦门市海沧区南部，规划范围北至蔡尖尾山，南至角嵩路，西至厦漳边界，东至海景路，总用地面积约1666公顷（其中城市建设用地面积1171.70公顷）。

2、编制背景：由于海沧信息产业园重点项目建设，需明确海沧信息产业园项目建设所涉及的产业定位、产业配套等要求，并对临港编制单元内空间结构、用地布局、道路交通、设施配套等进行相应调整。根据《厦门市规划委2017年规划编制计划》，拟开展《海沧区临港新城（05-12）编制单元控制性详细规划》。

二、技术复核的主要内容

1、成果材料完整性与规范性

（1）成果材料完整性：提交文本、说明书与图纸、基础资料汇编文件。

（2）成果材料规范性：控规模版规范一直在调整中，尚未最终确定，文本与目前模版内容基本符合。

2、任务书、控规导则要求符合情况

（1）现状资料收集：拟拆迁用地、村庄现状发展资料尚未收集齐全，现状表达分析应按五缘湾片区模板。

（2）已有规划分析：**建议补充海沧区不可移动文物点及历史风貌建筑相关的规划内容。**

（3）规划审批情况：补充农转用和已收储用地边界。

（4）存在问题分析：已落实任务书要求内容。

（5）确定规划居住人口、就业人口数量、户数、建设用地规模、居住建筑总量、平均容积率、绿地面积指标等：基本落实任务书要求内容，**补充就业人口数量、平均容积率、绿地面积指标。**

（6）划分管理单元，确定管理单元的建设用地面积、平均容积率、居住建筑总量、规划居住人口数量、绿地面积指标等：已落实任务书要求内容。

（7）确定编制单元和各管理单元的主导功能，用地分类以中类为主，小类为辅，编制单元用地构成应形成一览表，明确各类用地在建设用地中所占比例：**部分落实任务书内容，“各管理单元的主导功能”内容缺失。**

（8）确定单元内新建设用地、城市更新用地和规划保留用地范围：已落实任务书要求内容，**说明书中也应有该部分内容。**

（9）明确海沧信息产业园建设所涉及的村庄拆迁安置、集体

图4-10　厦门市技术复核样本示例

图片来源：厦门市规划委

第一，统一基础数据统计口径。空间规划存在涉及规划主体多元、基础数据繁杂与数据统计口径不统一等问题。解决此问题的关键是统一口径的人口、经济、社会与土地等基础数据。经济和社会数据以基期年统计年鉴为基础；在人口统计方面，建议统一采用同一来源的常住人口数据；在土地利用数据上，建议以土地变更调查数据为基础。[1]

第二，统一空间图件编制标准。统一用地分类是确保同种类型用地在面积和空间布局上对应的前提，涉及土地利用的目标指标、用地分类，统计口径应统一；“三区三线”的划定等技术方法应取得各部门的共识，逐步消除差异，实现协同。

第三，统一技术流程与成果要求。通过制定统一的技术流程有利于推进各层级、各类空间规划无缝衔接。通过统一成果要求，为各层级、各类空间规划的衔接入库、动态更新提供技术保障。

1 张修玉：《划实生态红线推进多规合一》，《中国环境报》2018年第3期。

4.2.3 完善规划统筹实施的机制

（1）建立规划建设政策制度体系

建立与规划建设体系相匹配的制度体系。建立"五年—年度"规划的实施机制——项目储备机制。"五年—年度"实施规划获得批准后，建议进行项目储备管理。储备库实行滚动更新管理。各行业主管部门、片区指挥部、区政府、管委会可根据建设需要，滚动提出需要纳入年度项目空间实施规划和储备库的项目。市规划主管部门统筹相关部门落实项目必要性及初步用地情况，经市多规办批准后纳入。纳入储备库的项目，需按照项目专业类型、项目属性明确责任部门、责任属地政府，由责任部门、属地政府负责跟踪管理。责任部门应主动跟踪储备库推进项目进展，每月形成情况报告市、区多规办，市、区多规办根据情况适时召开会议协调。

制定项目生成阶段的政策机制。年度建设规划审批通过后，纳入年度项目储备库。由发展改革部门根据年度资金安排计划，分批选取储备库中的项目，推送至信息平台，进入项目生成环节。项目生成环节依托信息平台创新项目生成机制。在项目审批前期，建立以发展改革、规划、国土等部门为主、多部门协同的工作机制，提前落实投资、预选址、用地指标等条件，促使策划生成的项目可决策、可落地、可实施。[1] 条件成熟的项目即可推进到项目审批平台中，实现与审批环节的无缝衔接，推动资源统筹和集约节约利用，并为审批提速创造条件。

1 邓伟骥、何子张、旺姆：《面向城市治理的美丽厦门战略规划实践与思考》，《城市规划学刊》2018 年第 7 期。

案例：《厦门市建设项目生成管理办法（试行）》

明确了项目生成的流程环节、责任部门、办理时限；发展改革部门颁布《厦门市财政投融资项目可研联评联审暂行办法》，对项目生成阶段可研联评联审的工作分工、工作流程、办理时限等做出详细规定；各部门配套制定了相应实施细则。按土地出让方式及项目性质，结合部门日常运作模式，将项目划分为划拨用地项目、经营性用地项目（居住类、产业类）、工业用地项目、涉及农转用和土地征收的储备用地四种类型。根据部门职责划分，确定每种类型项目相应的牵头部门。明确牵头部门与项目发起部门的分工。项目发起部门（包括各行业主管部门、各区政府、片区指挥部、管委会）负责提出项目并编制项目的建设方案，做好项目启动前各项前期工作等具体工作。牵头部门主要负责汇总项目，对发起部门提出的项目进行审核，监督项目策划生成顺利进行。

（2）根据地方实际制定空间管理细则，兼顾保护与发展

1　林坚、骆逸玲、吴佳雨：《自然资源监管运行机制的逻辑分析》，《中国土地》2016 年第 3 期。

向上衔接国家管控要求。国家层面自上而下的管控方式决定了底线在空间规划中的重要地位。从 2002 年开始，住房和城乡建设部出台了"四线"管理办法，四线成为城市总体规划的强制性内容。自然资源的保护也是以底线管控为基础的，如坚守 18 亿亩耕地红线、划定永久基本农田进行特殊保护等。空间规划从底线思维出发，划定了与国家管控要求相对应的各类管控线。从政策法规的角度，建议通过地方性法规、规章的制定，衔接细化国家空间管控要求，使空间管控成为治理空间体系的重要政策工具包。[1]

向下制定满足地方需求的实施细则。我国幅员辽阔，各个地方的自然禀赋不一，且处在不同的城市发展阶段。除了严格遵守国家刚性管控要求外，地方还存在发展的诉求。因此，建议结合地方特色，根据城市发展的实际情况，制定合理的发展政策，在落实刚性保护底线的基础上，探索弹性管控规则，保障自然资源保护与城市发展并行。以地方实际发展情况为立足点的地方空间管理政策的制定，是统筹保护与发展、依法推进城市建设、实现城市发展目标的重要法制保障。

案例：《深圳市基本生态控制线实施意见（2013）》

2005 年，深圳市在全国率先划定基本生态控制线，并颁布了《深圳市基本生态控制线管理规定》。2013 年，深圳市针对基本生态控制线提出了优化

调整方案，制定《深圳市基本生态控制线实施意见（2013）》，进一步明确了
生态控制线的划定与管理办法，形成了顺应深圳保护与发展要求的"底线"
管理方式。首先，划定管制分区，开展空间规划。划定一级、二级管制区，
并提出相应的管制要求。其次，推进生态清退与生态补偿。在生态空间管制
分区划定的基础上，进一步强化了生态核心区域的生态清退与修复工作。一
级管制区将逐步、强制性开展建设用地清退和修复。最后，制定动态调整机
制，促进弹性发展。[1]

1 陈柳新、杨成韫：《从单
一粗放式管制走向综合
精细化治理——生态空
间管治》，《2016中国城
市规划年会论文集》。

4.3 一张蓝图实施的监测、评估和预警

本节论述建立一张蓝图实施的监测、评估预警平台的作用，以
及该平台在统筹规划各环节的应用；论述了建立常态化监测、评估机
制，以及其运作流程。

4.3.1 建立监测评估预警平台

建立规划监测与评估预警平台是评价一张蓝图实施情况的重要手
段。首先构建合理的评估内容和指标体系，量化分解规划发展战略目
标，作为规划实施评估的目标导向。其次，建立常态化动态监测评估
机制，在规划实施过程中依托信息平台监测城市的现状特征，评估规
划发展目标与底线管控的实施效果。强化分析各项规划政策在实施中
是否偏离既定目标，定期进行阶段性的总结与反馈，为下一步规划服
务能力的优化提升、理性调整提供决策依据。

（1）战略蓝图与管控底图的监测评估

评估战略蓝图引领目标的实施情况，分析发展意图在城市各方面
的实践效果，为进一步优化战略共识提供指导反馈。强调底线思维，

突出政府空间治理的管控边界。在城市发展实施阶段，监测预警城市空间发展态势与刚性空间的一致性，针对边界突破情况提出偏差预警及信息反馈（图4-11）。

（2）要素配置规划的监测评估

对城市要素配置规划实行监测与评估，能够检验城市各系统空间分布及配置的合理性。如分析教育、医疗、养老设施的空间布局、便利程度、服务规模与服务人群的关系，判断各类设施服务能力是否满足现状需求，进而推动规划公共服务设施的策划、布局及建设，体现规划的科学性与系统性（图4-12）。

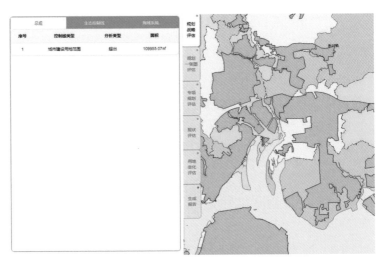

图 4-11　控制线预警监测

图片来源：厦门市规划委

图 4-12　城市要素配置规划监测与评估样例——人均公共文化服务设施建筑面积

图片来源：厦门市规划委

（3）辅助实施保障

审批管理一张图为项目的实施提供了基础的空间载体及评估基础。项目实施阶段，可以进行两方面的评估预警：一是项目落地条件的评估，辅助评估项目选址的规划条件符合度、市政承载力、公共服务情况等，保障项目的策划实施。二是项目用地边界与建设指标预警，监测用地边界与规划控制线的关系，对突破控制线的行为进行预警；监测项目建设指标是否符合控规指标要求和对专项规划系统性的影响，分析可能涉及规划调整内容和风险，提前对规划编制优化及规划实施调整进行预警（图4-13）。

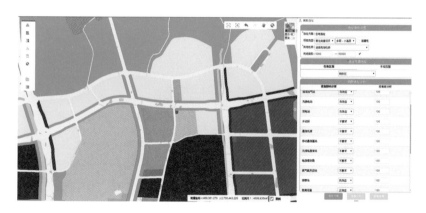

图4-13　智能辅助选址
图片来源：厦门市规划委

（4）规范管理流程

实行审批管理风险防控监测。采用日常监控与定期监测相结合的方法，对规划实施管理、规划编制管理、规划批后管理等业务实行全覆盖、全过程、全方位监控管理。通过监控和预警的手段，实时监测全市城市建设用地规模的变化、各类建设用地空间投放情况，自动比对项目信息是否符合规划的指标控制要求。分析规划执行情况及存量指标，为规划审批与实施管理保驾护航，使行政审批管理更规范、合理、良性循环（图4-14）。

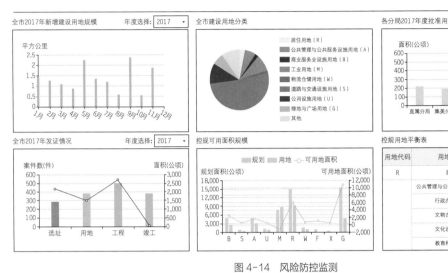

图 4-14　风险防控监测

图片来源：厦门市规划委

4.3.2　建立常态化监测与评估机制

（1）建立常态化监测机制

建立规划强制性内容的监测、预警机制。将规划的强制性内容与现状数据相叠合作为监测预警的基底。规划编制阶段，评审前，进行技术复核。由信息管理部门出具或认定技术审查的结论，符合强制性内容要求的方可进行评审。确需修改规划强制性内容的，按照相关规定程序修改强制性内容后，方可评审。涉及各类控制线弹性调整的，进行充分论证，并按控制线管理办法制定的流程进行调整。规划实施阶段的建设项目审批过程中，在信息平台上进行校核，发现建设方案违反规划强制性内容，作出不予批准的决定，从行政审批上杜绝违反规划强制性内容的建设行为。未经审批或审批未按照程序进行强制性内容核对的，可借鉴土地管理监测方式进行管理。通过监测，及时预警违法建设行为，并依法对涉事人员进行追责。

建立规划实施的监测机制。实行年度建设项目实施监督机制。落实年度实施规划，明确项目推动责任主体，各部门定期检讨主管建设项目推进情况，包括建设项目实际推进进度、实施中存在的主要问题及影响实施的原因，形成报告提交统筹部门，由统筹部门定期汇总形成总报告上报市政府。建立与上一年实施率相挂钩的指标分配机制，对于不能很好完成上一年计划指标的部门和用地单位，需要提交原因说明。年度实施计划的制定直接与单位项目推进绩效挂钩，对于由于主观因素造成项目推进不力的单位，在新一年的指标分配中适当减少对其用地指标的安排。[1]

1 刘秋玲、刘永红：《调整规划实施的焦距 促进规划管理体制转型——深圳市近期建设规划年度实施计划制度探索与实践》，《2010 中国城市规划年会论文集》。

> **案例：武汉市评估预警系统**
>
> 依照指标体系，分数据汇集、规划制定和数字化实现三个步骤，逐步实现评估与经济功能。具体应用如下：
>
> 规划层面：以国土空间承载力评价和建设适宜性评价为基础，对规划方案进行数字化转化与标准化入库，将数据变成指标，纳入技术对标。监测层面：实时监测行政许可行为，判断是否符合上位规划强制性要求，强化底线约束。评估层面：按年度进行规划实现率评估。例如，从土地资源、用地功能和建筑功能三个层级，对城市进行综合体检，评估城市空间资源的调配与使用是否存在错位，评估城市可利用资源潜力。预警层面：由低到高采用系统预警、人工预警、行政预警和监察预警四种方式。

（2）建立评估机制

建立规划建设管理的评估机制。建议树立以"空间绩效—实施绩效"为主线的技术框架对规划建设管理进行系统评估。第一，进行城市空间绩效评估。建立核心指标体系，对战略蓝图引领目标的实施情况等进行绩效评估。第二，规划建设绩效评估。通过对城市空间绩效和规划建设过程进行交叉分析，解读城市空间绩效与技术方案、政策设计、规划建设实施机制和外部政策环境等不同环节之间的因果关联。第三，趋势适应性评估。通过对国际、国家及区域层面的宏观背景以及城市自身发展阶段与条件的解读，判断面向未来新阶段的适应性。[2]

2 王新峰、袁兆宇、李君：《基于空间绩效的总规实施评估方法探索》，《规划师》2018 年第 6 期。

（3）城市体检与优化

开展城市"一年一体检、五年一评估"的数据综合分析，对规划建设管理进行定期的体检与检讨，监测各项指标在不同空间和不同时间上的变化及影响。定期出具体检报告，明确城市发展现状、趋势和现状承载问题，为战略目标的优化调整提供依据。

针对主要指标和核心管控要素进行年度体检和评估，发现问题并落实到责任部门。五年评估结果为制定下一阶段五年建设规划提供指导，并为开展城市发展战略动态维护提供依据。需建立监测体检与评估小组。监测体检与评估小组通过实地核查、大数据评估等方式，进行年度体检。分别从目标指标完成情况、用地空间发展、土地供应情况以及各功能片区、各类设施规划实施和建设情况等方面对上一年度实施情况进行评估总结，同时对年度策划项目实施情况进行评估，分析存在问题。形成初步体检报告上报市人民政府，市政府形成年度体检报告报市人大备案并向社会公布，为制定下一年度建设规划提供指导（图4-15）。

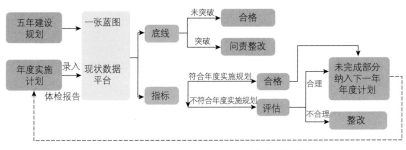

图4-15　"一年一体检、五年一评估"机制设计

案例：北京市城市体检工作

《北京市城市总体规划（2016—2035年）》提出："结合北京实际情况，统筹各类规划目标和指标，初步建立国际一流的和谐宜居之都评价指标体系，共42项指标，并以此按年度对发展目标进程进行评估，实施指标体系定期动态管理。"第一，对城市总体规划中确定的各项指标进行实时监测。定期发布监测报告，将监测结果作为规划实施评估和行动计划编制的基础。第二，建立"一年一体检、五年一评估"的常态化机制，年度体检结果作为下一年度

实施计划编制的重要依据，五年评估结果作为近期建设规划编制的重要依据。第三，结合五年评估和第三方综合评估，开展规划动态维护。采取完善规划实施机制、优化调整近期建设规划和年度实施计划等方式，确保城市总体规划确定的各项内容得到落实，并对规划实施工作进行反馈和修正。城市体检工作已纳入北京市政府工作报告，作为一项城市重点工作推进。目前，北京市已经初步形成了《北京城市体检评估工作方案》。对重点指标的年度变化情况进行深入分析，结合第三方评估分析，总结发现实施中的突出问题，提出下一年度实施工作的对策建议。

参考文献

[1] 联合国人居署. 城市与区域规划国际准则 [J]. 城市规划, 2016 (12): 9-13.

[2] 中华人民共和国建设部. 城市规划基本术语标准: GB/T 50280-98[S]. 北京: 中国建筑工业出版社, 1999.

[3] 中央城市工作会议在北京举行习近平李克强作重要讲话 [EB/OL]. http://www.gov.cn/xinwen/2015-12/22/content_5026592.htm.

[4] 中共中央国务院关于进一步加强城市规划建设管理工作的若干意见摘录 [J]. 城市规划学刊, 2016 (2): 4.

[5] 吴志强, 李德华. 城市规划原理 (第四版) [M]. 北京: 中国建筑工业出版社, 2010.

[6] 詹真荣. 19世纪空想社会主义关于未来和谐社会的构想 [J]. 社会主义研究, 2006 (1): 26-28.

[7] 董杰, 贺显. 西方现代城市规划理论简述 [J]. 建筑设计管理, 2006 (5): 43-45.

[8] 吴志强. 百年西方城市规划理论史纲导论 [J]. 城市规划汇刊, 2000 (2): 9-18, 53-79.

[9] 陈占祥. 城市规划设计原理的总结——马丘比丘宪章 [J]. 城市规划, 1979 (6): 75-84.

[10] 胡四晓. DUANY & PLATERZYBERK 与 "新城市主义" [J]. 建筑学报, 1999 (1): 67-72.

[11] 仇保兴. 19世纪以来西方城市规划理论演变的六次转折 [J]. 规划师, 2003 (11): 5-10.

[12] 吴志强. "人居三" 对城市规划学科的未来发展指向 [J]. 城市规划学刊, 2016 (6): 7-11.

[13] 石楠．"人居三"、《新城市议程》及其对我国的启示 [J]．城市规划，2017（1）：9-21．

[14] 叶浩军．价值观转变下的广州城市规划（1978-2010）实践 [D]．广州：华南理工大学，2014．

[15] 孙施文．解析中国城市规划：规划范式与中国城市规划发展 [J]．国际城市规划，2019，34（4）：1-7．

[16] 王蒙徽．推动政府职能转变，实现城乡区域资源环境统筹发展——厦门市开展"多规合一"改革的思考与实践 [J]．城市规划，2015，39（6）：9-13，42．

[17] 李旻博．新时代住房城乡建设事业谱新篇——本刊记者专访住房和城乡建设部党组书记、部长王蒙徽 [J]．求是，2018（6）：42-44．

[18] 潘安，吴超，朱江．规模、边界与秩序："三规合一"的探索与实践 [M]．北京：中国建筑工业出版社，2014．

[19] 国土资源部．自然生态空间用途管制办法（试行）[Z]．2017-03-24．

[20] 王蒙徽等．广州城市总体发展概念规划的探索与实践 [J]．城市规划，2001（3）：5-10．

[21] 吕传廷等．从概念规划走向结构规划——广州战略规划的回顾与创新 [J]．城市规划，2010，43（3）：17-24．

[22] 张尚武等．战略引领与刚性管控：新时期城市总体规划成果体系创新——上海2040总体规划成果体系构建的基本思路 [J]．城市规划学刊，2017（3）：19-27．

[23] 郑国．基于城市治理的中国城市战略规划解析与转型 [J]．城市

规划学刊，2016（5）：42-45．

[24] 张京祥，陈浩．空间治理：中国城乡规划转型的政治经济学 [J]．城市规划，2014，38（11）：9-15．

[25] 吴良镛，武廷海．从战略规划到行动计划——中国城市规划体制初论 [J]．城市规划，2003，27（12）：13-17．

[26] 沈阳市人民政府．沈阳振兴发展战略规划 [Z]．2017．

[27] 刘全波，陈柳新，谢冬．深圳市基于一张图理念的规划整合 [J]．城市规划，2013，37（2）：90-96．

[28] 厦门市人民政府．厦门市"多规合一"业务协同平台运行规则 [Z]．2017．

[29] 郑德高，孙娟，葛春晖，等．约束传导："上海 2040 分区"指引编制技术方法探索 [J]．上海城市规划，2017（4）：38-45．

[30] 何楠楠．大型体育场馆多元化经营管理的研究 [D]．苏州：苏州大学，2012．

[31] 卢益，郑淑蓉．城市商业综合体发展动力及开发成功要素 [J]．商业时代，2014（26）：15-17．

[32] 范丽琴．初探"城市重大事件"的概念及影响 [J]．科技信息，2007（21）：4-5．

[33] 吴志强．重大事件对城市规划学科发展的意义及启示 [J]．城市规划学刊，2008（6）：16-19．

[34] 林强威．浅谈城市私有公共空间 [J]．城市建设理论研究，2013（13）：216．

[35] 王兴平．浅谈面向城市管理与治理的城市规划变革 [C]// 城市治理．南京：南京大学出版社，2016．

[36] 许闻博．面向城市空间治理的规划方法探索——基于公共活动空间的研究 [D]．南京：东南大学，2017．

[37] 葛岩，唐雯．城市街道设计导则的编制探索——以《上海市街道设计导则》为例 [J]．上海城市规划，2017（2）：9-16．

[38] 刘潇．习近平新时代中国特色社会主义思想与雄安新区规划建设 [J]．领导科学论坛，2018（12）：18-33．

[39] 章楠．S 市城区街头摊贩设摊治理研究 [D]．上海：上海师范大

学，2014．

[40] 张琦．小街区规制下生活性街道共享设计研究 [D]．成都：西南
交通大学，2018．

[41] 朱郑炜，陈琦，陈毅伟．厦门市城市设计"一张蓝图"管控体系
构建研究 [J]．城市规划学刊，2018（7）：16-22．

[42] 张兵，林永新，刘宛，等．城镇开发边界与国家空间治理——
划定城镇开发边界的思想基础 [J]．城市规划学刊，2018（4）：
16-23．

[43] 沈洁，李娜，郑晓华．南京实践：从"多规合一"到市级空间规
划体系 [J]．规划师，2018，34（10）：119-123．

[44] 董珂，张菁．城市总体规划的改革目标与路径 [J]．城市规划学
刊，2018（1）：50-57．

[45] 邹兵．自然资源管理框架下空间规划体系重构的基本逻辑与设想
[J]．规划师，2018，34（7）：5-10．

[46] 王岳，彭瑶玲，曹春霞，等．重庆"多规协同"空间规划编制体
系实践 [J]．规划师，2017，33（12）：37-41．

[47] 黄勇，周世锋，王琳，等．"多规合一"的基本理念与技术方法
探索 [J]．规划师，2016（3）：82-88．

后记

作为常年为城市领导提供技术服务的专业人员，反过来要编写面向城市领导的培训教材确实是一个巨大的挑战。规划作为城市治理的工具，如何从城市领导的视角认识和把握"统筹规划和规划统筹"，在思考角度、认知高度、语言表达等方面对编写组都是艰巨的任务。

本书的编写得到了教材编委会的全程悉心指导，开展了多轮讨论，几易其稿。特别是中山大学李郇教授、广州市规划资源局黎云女士在成稿阶段提出了细致的全面校审意见。本书由住房和城乡建设部建筑节能与科技司牵头，工程建设项目审批制度改革工作领导小组办公室参与了本书的编写工作，在此一并表示感谢。

本书编写小组是由厦门市人大城建环资委员会主任、原厦门市规划委员会主任由欣统筹，由厦门市城市规划设计研究院谢英挺、何子张、杨春、魏立军、旺姆、郑雅彬、蔡丽莉、李佩娟、孙若曦、吴宇翔，厦门市规划数字技术研究中心张晓宏、袁星、李然，广州市城市规划协会黄鼎曦、丁镇琴、陈天鹤组成。此外，厦门市城市规划设计研究院林振福、兰贵盛、郑辉、周晓然、肖瑜、罗晓昭以及厦门市规划数字技术研究中心胡文涓、刘丽芳、谢舒菁、李鸿鹰、李爽也做了一定工作，他们的成果在本书中都有所反映。本书未注明图片或资料出处的，均来源于作者自绘或自摄。

限于时间关系，本书缺漏在所难免。今后会根据各方的意见或建议逐步修改和完善，以期更好地发挥规划对城市发展的统筹引领作用，为促进城市绿色发展提供有益的参考。

由欣

2019 年 3 月